青少年科普故事系列

趣味航天科学故事

周爱农 主编

西北工业大学出版社

图书在版编目(CIP)数据

趣味航天科学故事/周爱农主编．—西安：西北工业大学出版社，2013.3(2015.5重印)

(青少年科普故事系列)

ISBN 978-7-5612-3649-9

Ⅰ.①趣… Ⅱ.①周… Ⅲ.①航天—青年读物 ②航天—少年读物 Ⅳ.①V4-49

中国版本图书馆CIP数据核字(2013)第062139号

青少年科普故事系列·趣味生物科学故事　　周爱农　主编

出版发行：西北工业大学出版社
通信地址：西安市友谊西路127号　　邮编：710072
电　　话：(029)88493844　88491757
网　　址：www.nwpup.com
印　　刷：兴平市博闻印务有限公司
开　　本：710mm×1 000mm　1/16
印　　张：10
字　　数：141千字
版　　次：2013年10月第1版　　2015年5月第2次印刷
定　　价：20.00元

前　言

在古代，人类对宇宙空间的认识只局限于白昼能感知太阳的光热，夜晚能望见月球的身影，于是产生了许多访日探月的幻想故事。中国出现过夸父追日、嫦娥奔月的神话，其他国家也有不少类似的飞天传说。这些神话传说寄托着人类征服太空的愿望。为实现腾空飞翔的理想，人类经过了一段相当艰难的历程。很久很久以前，人类便为了这个理想做出了种种大胆勇敢的尝试和探索。随着科学技术的发展，人类竭尽自己的智慧和才能，开始把幻想变为现实。

20 世纪初，齐奥尔科夫斯基、戈达德和奥伯特等一批杰出的航天先驱者，为现代宇航技术的发展奠定了科学的理论基础，指出了人类进入太空的有效途径和手段，并构想了人类开发太空的宏伟蓝图。1957 年 10 月 4 日，苏联成功地发射了世界上第一颗人造地球卫星，宣告空间技术从此进入了一个飞速发展的新时代。时至今日，世界各国发射进入空间的各种航天器已达 4 000 多颗。航天技术在运载工具、人造地球卫星、载人航天和深空探索等方面都取得了巨大进步，成为 20 世纪最引人注目的成就之一。

航天技术问世至今虽只有几十年时间，在漫长的人类发展史中只是弹指一挥间，但它给人类文明进步所带来的影响，无论是深度还是广度来看，都是前所未有的。今天，科学技术发展一日千里，人类往返月球、开发月球资源、到月球上去旅行或居住的日子相信不会太远了。此外，人类还将在无人航天器探测火星的基础上，实现载人环绕火星飞行和登上火星的壮举。所有这些规模浩大的世界性的航天工程，将为国际合作提供广阔的前景，并将为解决人类在地球上所面临的能源、生态、环境和人口等诸多问题做出难以估量的贡献。

人类对宇宙的认识和追求是永无止境的。现有成绩的取得也只是人类星际航行走出的第一步。人类在征服火星之后，还将以火星为中转基地，先乘星际航行飞船小心翼翼地对木星、土星、天王星、海王星和冥王星进行更富实质性的探测，然后再越过太阳系的边疆，向银河系的某个星球进军……这样，只要地球上的人类能持之以恒，共圆“航天梦”，世世代代地坚持下去，也许在若干个世纪之后，人类不但能成为太阳系的主宰，而且必将迎来冲出太阳系，沿着星际航线到银河系去“做客”的伟大时代！

本书由三大部分组成。第一部分集中对宇航事业在各个历史阶段所涉及的重大事件、显著的成就与惨痛的失败进行了回顾。第二部分介绍了航天史上的一些重要人物，青少年读者可以从中了解人类在航天探测器发展的不同阶段所付出的艰辛努力。第三部分对宇航事业的近期发展目标和远期诱人的发展前景进行展望，使青少年读者能更多地了解有关宇航的科技知识。

太空在召唤，时代在挑战。愿青少年读者立大志，展鸿图，为祖国的航天事业争做贡献！

编　者

2013 年 1 月

目　　录

重大航天发明与发现

航天人物

航天学科猜想

重大航天发明与发现

国际空间站的生命线——拜科努尔

在哈萨克斯坦共和国南部人烟稀少的半沙漠地带，有一块占地4.6万平方千米的军事禁区。在长达近半个世纪的岁月里，这块地方始终有重兵把守，人们进出需要特别通行证。这个充满神秘色彩的地方便是拜科努尔宇航基地，它是世界上最大的航天发射基地。半个世纪里，从这里发射了约2 500枚火箭，把3 000多个航天器送入轨道，将130位宇航员送上太空遨游。作为人类进军宇宙的圣地，拜科努尔曾有过辉煌的过去——它曾创造过人类宇航史上三项“第一”：1957年，成功发射了人类第一颗人造卫星；1961年，它完成了将人类首次送入太空的壮举；1963年，它将人类第一个女宇航员送入太空。这三个“第一”奠定了它在人类征服宇宙的史册上不朽的地位。

拜科努尔原是哈萨克大草原上的一座农庄，这里生存条件十分恶劣，夏天气温高达45℃，常伴强风和沙尘暴，冬天气温低到－40℃，常有暴风雪降临。1955年6月2日，苏联武装力量总参谋部下令组建拜科努尔宇航基地。此后的十年里，该基地实施了一系列由苏联火箭之父科罗廖夫主持设计的洲际弹道导弹试验开发计划。从20世纪60年代中期到70年代中期，基地试验并生产了

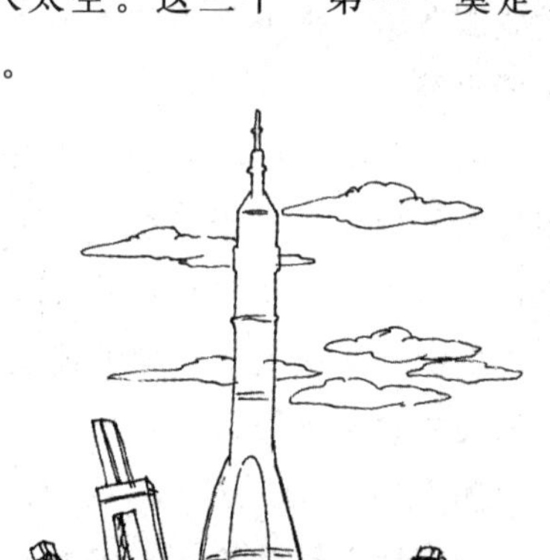

一系列新型运载火箭，从“飓风2号”“联盟”系列到重型运载火箭“质子”等。世人瞩目的“联盟”号系列宇宙飞船、“礼炮”号系列轨道站、登月器、金星探测器和苏联首架航天飞机也都是从这里发射升空的。

拜科努尔也曾有过悲伤的时刻。1960年12月24日，在发射P—16型洲际弹道导弹时，准备发射的导弹突然发生爆炸，99名现场工作人员中，有77人当场丧生。

经过50多年的建设发展，拜科努尔航天中心已经拥有15个航天运载火箭发射设施、4个试验洲际弹道导弹发射装置、11个火箭和卫星装配测试大楼和3个航天燃料站。中心分为载人航天器发射区、大型运载火箭发射区和航天飞机发射区三个部分。每个发射区都配有运输起竖车、燃料加注设施、发射控制室、发射台和服务塔等。

载人航天器发射区在发射场的北部偏东，有3个主要发射阵地和技术阵地。在“联盟”号飞船发射阵地，最著名的是加加林发射台，1955年建成后发射了第一颗人造卫星和第一艘载人飞船，至今仍是发射“联盟”号载人飞船最繁忙的发射台之一，在它的发射架支柱侧面绘有396颗黄星，表示它发射次数的纪录。

大型运载火箭发射区位于发射场的西北部，主要发射不载人航天器。其中主要是质子号运载火箭发射阵地，这里发射升空的有礼炮号、和平号空间站及其对接的实验舱，还有地平线号、荧光屏号地球同步轨道通信卫星、全球定位导航卫星等。质子号发射阵地由固定式发射台、可移动式服务塔、推进剂库和控制室等组成，在技术阵地可以同时装配6枚运载火箭。

航天飞机发射区位于发射场北部偏西，主要任务是用能源号运载火箭发射暴风雪号航天飞机。它有3座发射台，一号台用于发射不带航天飞机轨道器的能源号运载火箭，二、三号台基本相同，用于发射航天飞机。能源号运载火箭装配大楼长274米、宽160米、高40米；暴风雪号航天飞机总装大楼长300米、宽240米、高37米；能源一暴风雪号联合体检测大楼长240米、高60米，振动试验塔高100米。这些大型设施在空旷的草原上巍峨耸立，成为人类飞向太空的标志。

苏联解体后，拜科努尔经受了几乎是毁灭性的打击。俄罗斯不再是发射场的主人，而哈萨克斯坦则对管理和利用这座宏大的宇航中心缺乏能力和热情。1993年，哈俄两国就共同使用拜科努尔发射场达成共识，双方签署了关于确保该发射场作用的备忘录。1994 年 3 月，哈萨克斯坦将宇航中心租赁给俄罗斯使用，租期 20 年。俄哈双方都为保障基地运转做出了努力，但双方仍在基地设备的使用和维修、交纳租金及发展定位等方面存在不少纠纷。1996 年，由于俄哈未就基地供电问题达成一致，拜科努尔供电完全中断，工作和生活陷于瘫痪，基础设施受损严重，发射计划被迫停止。此事惊动了当时的俄罗斯政府总理切尔诺梅尔金，在他的过问下，供电问题才得以解决。2001 年 1 月俄哈又签订了新的协议，租用期延长到 2050 年，俄罗斯为使用拜科努尔航天发射场共需支付哈萨克斯坦 64.4 亿美元。俄罗斯虽然打算在西伯利亚修建新的航天发射场，但从各方面权衡，都不如使用已经营 50 年的拜科努尔发射场方便和合算，特别是这里的纬度相对较低，有巨大的经济价值。因此拜科努尔仍是俄罗斯向太空进军的最佳发射场，而且是美国航天飞机停飞后通往国际空间站的唯一门户，俄罗斯发射的航天器约 70% 在这里升空，而且近两年的载人太空飞行非它不行，拜科努尔在世界航天发射场中继续占据着绝对领先的地位。

知识链接

拜科努尔辉煌的背后，也有很多惨痛的回忆。1960 年 10 月 24 日，苏联第一枚 R—16 型洲际导弹点火失败，就在技术人员接近弹体检查时，导弹的第二级意外点火，造成 74 人殉职。这是世界航天史上最严重的一次伤亡事故。

人造卫星的发展历史

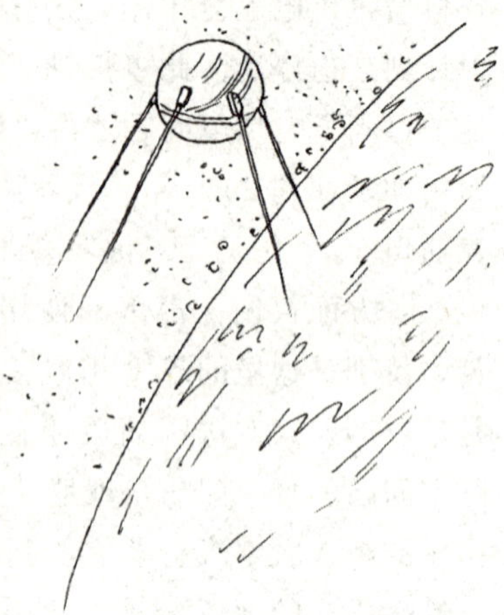

1895 年，俄国人宇航先驱齐奥尔科夫斯基提出了发射人造地球卫星的可能性。1903 年，他又提出了火箭飞行的理论和宇宙航行的前景并预言：人类的首颗卫星将属于俄国人。50 多年后，验证奥尔科夫斯基预言的时刻到来了！

第二次世界大战结束后，美国、苏联和英国等国家的科学家开始研究发射人造地球卫星的可能性。1948 年，苏联科学家吉洪拉沃夫发表了借助火箭达到第一宇宙速度和制造地球卫星可行性的报告，1954 年又提出了论证人造地球卫星的可行性和必要性的建议。他在《关于人造地球卫星的报告》中充分论证了利用两级火箭达到第一宇宙速度并发射卫星的设想。当时，作为导弹总设计师的科罗廖夫对吉洪拉沃夫的建议和设想表示支持和赞成。

1954 年夏天，国际无线电科学协会和国际地形学与地球物理联合会通过了在 1957—1958 年的国际地球物理年期间，发射一颗人造地球卫星的决议，苏联和美国对决议表示支持。同一年，科罗廖夫致信苏联部长会议，正式提出研制第一颗人造地球卫星的建议。苏联政府于 1956 年 1 月 30 日作出了在 1957—1958 年间发射第一颗人造地球卫星的决定。就是那一年，科罗廖夫在《关于人造地球卫星初步设计报告的提纲》中写道："研制第一颗人造地球卫星，是人类走向宇宙道路上的重要一步。"

发射人造卫星的关键是要有推力强大的运载火箭，为此科罗廖夫采用了"两条腿走路"的方法：一方面加紧研制 P—7 型洲际导弹，另一方面在它的基础上进行改装。可是，研制和改装工作都进行得很不顺利，直到 1957 年上半年才基本成功。在火箭研制工作紧张进行的同时，卫星研制小组在吉洪拉沃夫的率领下正积极进行卫星的研制。由于是人类历史上第一次研制人造卫星，吉洪拉沃夫等人遇到的困难和技术难题甚至比火箭研制中遇到的还多。

正当苏联的火箭和卫星专家为解决技术难题废寝忘食的时候，他们得到一个令人紧张的消息，美国正准备发射人造地球卫星。为了在太空竞赛中争得桂冠，体现社会主义制度的优越性，苏联政府决定无论如何要抢在美国之前发射第一颗人造地球卫星。万不得已，科罗廖夫和吉洪拉沃夫决定简化卫星的设计方案，并将卫星的质量由1956年确定的1 000千克至1 400千克减小到83.6千克。经过夜以继日的努力，第一颗人造地球卫星于1957年6月24日制造完成。1957年8月，科罗廖夫和吉洪拉沃夫向苏联领导人汇报了卫星和火箭的研制进展情况，请求批准发射卫星。在经过多次讨论之后，苏共中央政治局基于扩大政治影响的考虑，决定将发射日期定在“十月革命”节前，准备以此纪念“十月革命”成功40周年。10月2日，苏联政府作出了历史性的决定：10月4日发射第一颗人造地球卫星。

1957年10月4日，在苏联拜科努尔发射场上，一群工程技术人员正忙着对一枚巨大的运载火箭进行发射前的各项准备工作，这就是由科罗廖夫设计的卫星号火箭。它全长29.2米，最大直径10.3米，起飞质量267吨，最大起飞推力4 760千牛。在火箭顶端安装着有效载荷整流罩，里面装着的就是由吉洪拉沃夫设计的代号为PS—1的斯普特尼克一号卫星。它的本体是一只用铝合金做成的圆球，直径58厘米，重83.6千克。圆球外面附有4根鞭状弹簧天线。卫星内部装有两台无线电发射机，每隔0.3秒向外发射一次信号。

“注意！准备加注推进剂！”很快，液氧像火车头一样冒出雾气，并沿着火箭箭体向上蔓延，很快把火箭包围了。“辅助发动机加压！”“主发动机加压！”“10，9，8，7……3，2，1，0，点火！”随着倒计时的结束，指挥控制中心发出了发射火箭的命令。

1957年10月4日莫斯科时间22时28分34秒，随着一声巨响，一团令人目眩的烈焰从火箭下部喷吐而出，翻卷起一片由尘土和烟雾形成的棕褐色烟云，旋即发射架上的卫星号运载火箭徐徐地离开地面，直冲夜空。几分钟后，斯普特尼克一号卫星从火箭上弹出并顺利进入地球轨道。当“星箭分离成功”的消息传来时，在基辅马林宫宽大的宴会厅里，一批苏联党政军的高级领导人正热烈地交谈着。这时，一个人走进大厅，附在苏联共产党中央委员会第一书记赫鲁晓夫的耳边说了些什么。赫鲁晓夫点点头，对在场的人说了一句“我马上回来”，然后就出去了。几分钟后，赫鲁晓夫笑容满面地回到大厅，他一言不发地在座位上坐下，目光扫视了一遍全场，然后喜形于色地说：“我告诉大家一个令人高兴的重要消息，刚才科罗廖夫打来电话，”赫鲁晓夫脸上露出神秘的表情，“他是我国的火箭设计师。请注意，别提他的名字，这是秘密。科罗廖夫报告说，我国成功发射了第一颗人造地球卫星。”在场的人们聚精会神地听着，但是很多人却无动于衷，因为其中很多人是第一次听说这种事，他们还不大明白什么是火箭和卫星。

赫鲁晓夫接着兴奋地说：“美国人在全世界到处宣扬他们准备发射地球卫星时，我们没有声张，可现在我们的卫星正在围绕着地球转。不是小玩意儿，是 80 千克重的大家伙。”这时，他的助手又进来报告说，电台正在广播卫星发出的信号。于是，有人打开了屋里的收音机，大家怀着好奇心倾听来自太空的断断续续的吱吱声。很快，苏联成功发射第一颗人造地球卫星的消息，经莫斯科广播电台传遍了全世界。世界各国的报纸、电台和电视台等媒体都争相报道了这一事件。《轰动本世纪的新闻》《科技新纪元》《苏联又领先了》《俄国打开了通往宇宙的道路》等醒目标题纷纷出现在各国报刊的显要位置，文章大量采用了“划时代的举动”“历史性的突破”“人类的进步”等赞美之词。《人民日报》发表了题为《为苏联的伟大科学成就欢呼》的社论。《纽约时报》在头版刊登了彩色大字标题《苏联向太空发射地球卫星，卫星以每小时 18 000 英里的速度绕地球飞行，环球轨迹四次越过美国上空》。

为了纪念人类进入宇宙的伟大时刻和事件，苏联在莫斯科列宁山上建立了一座纪念碑，碑顶安置着这颗人造地球卫星的复制品。

知识链接

斯普特尼克一号卫星进入环绕地球飞行轨道后，距离地面最远时为 964.1 千米，最近时为 228.5 千米，轨道与地球赤道平面的夹角为 65°，96.2 分钟绕地球一周。这颗人造地球卫星在天空中运行了 92 天，绕地球约 1 400 圈，行程 6 000 万千米，于 1958 年 1 月 4 日陨落。

一辆通往太空的“火箭列车”

火箭的实质是一种无人驾驶的飞行器，也叫空间运载工具。它的任务就是把称为有效载荷的人造地球卫星、宇宙飞船、航天飞机、星际探测器等送入各自的空间轨道，去完成它们的使命。

科学家们在寻求建造作为天梯的火箭的过程中，发现单级火箭无论采用固体还是液体燃料的性能多么好，按照现在的先进技术所能达到的最大速度大约只能达到每秒4.5千米至6千米，也就是说，根本达不到把卫星送上地球轨道所需的每秒7.9千米的第一宇宙速度。那么，怎么解决这个难题呢？在现有条件下，俄国科学家齐奥尔科夫斯基想出了一个绝妙的办法：建造被称为“火箭列车”的多级火箭，就是把两节以上的火箭串联或并联起来，组成一列多级火箭来提高火箭的速度，以达到摆脱地球引力的目的。

多级火箭系列是应用一种质量抛扔原理，即火箭发射后，把已经完成任务的无用结构抛掉，使火箭发动机的能量最大限度地用于提高航天器的能量，从而间接地减轻火箭的结构质量，提高火箭的质量比。这样，在使用同样性能的火箭发动机和相同技术水平的箭体结构的条件下，用单级火箭无法达到的宇宙速度，而用多级火箭就能实现这个速度。

世界各国研制的运载火箭已有数十种，其大小不等，形状各异，但其结构形式基本上分为两类：一类是各级首尾连接的串联式火箭，另一类是下面两级并联、上面一级串联的混合式火箭。运载火箭的大小由其飞行任务要求的有效载荷和飞行轨道而定，若飞行轨道相同，有效载荷愈重，则火箭起飞质量也愈大；若有效载荷不变，飞行轨道愈高，火箭的起飞质量也愈大。

由于卫星或飞船等航天器的轨道较高，本身质量也大，因此，运载火箭都是一些身高体重的庞然大物。它们的质量至少几十吨，一般为一百多吨到几百吨，有的甚至可达两三千吨。火箭高一般为三四十米，有的甚至超过 100 米。火箭直径都在 1 米以上，一般为 3 米左右，最粗可达 10 米。在通常情况下，发射一颗质量为 1 吨的卫星，运载火箭质量为 50～100 吨。如美国发射“阿波罗”号飞船的“土星”5 号运载火箭，全长 110.7 米，直径 10 米，起飞质量为 2 840 吨。“阿波罗”号的质量只有 41.5 吨。这是目前世界上最长的“火箭列车”了。

这种三级“火箭列车”是如何驶出地球到太空去的呢？它耸立在发射台上，首先由地面控制中心指令第一级火箭发动机点火，火箭徐徐上升，加速飞行，逐渐按预定方向转弯，100 多秒钟后，火箭大约达到 70 千米左右的高度，第一级燃料耗尽后火箭发动机关机，并脱离整个火箭列车坠落地面；第二级接着点火，继续加速飞行，火箭飞出稠密大气层，达到预定高度和速度时，第二级燃料用完后火箭发动机关机并分离，火箭靠获得的能量开始惯性飞行；第三级火箭发动机点火工作，当加速到预定速度时，第三级火箭发动机关机，航天器与火箭分离，最后把航天器推入预定轨道。当然，运载火箭也不是级数越多越好，因为多加一级，不但制造工艺和级间分离技术多一层困难，而且所能增加的速度也有一定限制，最多只能比单级火箭的速度提高 70%。现在，一枚三级火箭能达到的速度已超过单级火箭速度的 45%，因此限于各种因素的影响，“火箭列车”都选在二级至四级之间，一般用三级的居多。

苏联著名航天总设计师科罗廖夫根据齐奥尔科夫斯基关于“火箭列车”的思想，首先提出用单级火箭串联和并联结合的方式组成多级火箭实现宇宙航行的设计方案。这个方案是用一枚较长的地球物理火箭作芯级，芯级长 29.17 米，直径 2.95 米，装一台液体火箭发动机；在其周围捆绑 4 台助推器组成助推级，助推级长 19 米，直径 3 米，各装一台液体发动机。这样把芯级和并联的助推级串联起来，组成一枚两级液体火箭，从而产生足够的推力和需要的速度，把安装在火箭最上面整流罩内的人造卫星送入地球轨道。这种火箭发射时，5 台发动机同时点火，火箭飞行 120 秒后，4 个捆绑的助推器工作完成与其脱离，并被抛掉，这时火箭飞行高度为 50 千米，飞行速度达到每秒 3.2 千米。然后芯级的火箭发动机继续工作 180 秒，使火箭加速到每秒 8 千米的速度，此时卫星与火箭脱离，被推进到环绕地球的预定轨道上飞行。

从最初的单级火箭问世，到后来多级火箭的使用，经历了漫长的半个世纪，人类终于借助齐奥尔科夫斯基设想的“火箭列车”驶进了太空的大门。

知识链接

早期的运载火箭大多数由弹道式导弹改进而成，后来为适应不同航天发射任务的需要，专门研制了系列化的运载火箭。许多运载火箭的第一级外围捆绑有火箭助推器。助推器可以是固体或液体火箭，其数量可根据运载能力的需要来选择。

实施“双子星座”计划

“双子星座”计划是美国继水星计划之后，采取循序渐进的方式登陆月球的第二步。它的目的就是在“水星”计划的基础上，进一步为载人登月服务。就在苏联宇航员列昂诺夫第一次实现太空行走之后不久，美国宇航员怀特也走出“双子星座 4 号”飞船的密封舱，在太空行走了 20 分钟。列昂诺夫、怀特的太空行走，证明了人能够在真空、超低温、没有重力、充满宇宙射线和流星的十分危险的太空环境中停留、活动，并且不会丧失思维和工作能力。这为人类进一步挺进月球带来了喜讯。

从 1965 年 3 月到 1966 年 11 月，“双子星座”计划共进行了 10 次载人飞行。1965 年 6 月 3 日，“双子星座 4 号”飞船发射，进行“双子星座计划”的第二次载人飞行。这次飞行任务由宇航员怀特和麦克迪维特承担，飞行时间增加到 5 天。在绕轨道第三圈时，怀特按预定计划在夏威夷上空打开舱门，进入了开放空间。他身上连了一根长索，利用小型机动系统，最远时离飞船 3 米左右，除身体有些旋转外，一切均正常。他手里拿着一支宇宙枪，不过枪里发出的不是子弹，而是高压气体，它产生的反作用力可以帮助宇航员调整位置。怀特在空中漫步了 22 分钟。他通过无线电耳机话筒与驾驶“双子星座”号飞船的人聊天，不时地靠宇宙枪从这里移到那里。他在舱外共活动了约 21 分钟。此次飞行，他们还进行了科学和技术实验，医学测试，利用弹力器来维持肌肉的弹性，而且拍摄了许多舱外活动和地球大气的照片。由于飞船上的计算机失灵，原定飞行 121 圈的任务没有完成，只飞行 62 圈，就于 1965 年 6 月 7 日返回地面。

“双子星座”计划的一个重要任务是实现轨道会合和对接。1965 年 12 月 4 日和 12 月 15 日“双子星座 7 号”和“双子星座 6 号”分别进入太空，实现了太空会合，在间距只有40米的情况下持续飞行了7个多小时，最近时只有0.3米。尔后“双子星座8号”和“双子星座9号”的飞行任务都是与“阿金纳”火箭实现对接，但都未能实现。

1966年7月18日“双子星座10号”飞船载着约翰·杨和科林斯进入轨道，实现了与“阿金纳3号”的对接任务，完成了登月计划的关键技术。接着“双子星座11号”和“双子星座12号”飞船又分别实现了两次对接任务。至此“双子星座”计划圆满地实现了预定目标。

“双子星座”计划作为一项既是过渡性又是独立性的计划，取得了许多开创性的成就，也为“阿波罗”登月计划提供了极其宝贵的经验和科学技术成果。整个飞行期间，宇航员共进行了52项试验，在不同高度拍摄了1 400张地球的彩色照片，全面地研究了人在太空中长期工作和生活的情况。为航天技术人员及地面机组人员提供了发射火箭所需的大量的实践活动。到“双子星座12号”飞行结束时，美国宇航员已经有了2 000小时的太空飞行记录，而此时苏联人的飞行时数只有500多小时，美国至此开始领先于苏联了。

知识链接

1966年，执行“双子星座4号”任务的驾驶员怀特被选为第一次“阿波罗”计划飞行任务的指令舱驾驶员。不幸的是，计划中将于1967年2月发射的“阿波罗1号”于1月27日进行一次例行测试时，指令舱突然发生了大火，怀特与其他两名宇航员不幸遇难。

“阿波罗”登月壮举

苏联于1957年抢先发射世界上第一颗人造地球卫星之后，又于1961年把人类第一名航天使者送上地球轨道。苏联在航天领域屡拿金牌，遥遥领先，大大刺激了经济与技术力量雄厚的美国。为了打破苏联的航天优势，1961年，美国总统肯尼迪批准了航空航天局的登月计划，并在国会上大胆地提出了在1970年以前先于苏联把人送上月球的任务。肯尼迪以一种历届美国总统都没有的坦率态度警告美国人民，除非他们具有跑完全程的毅力，否则就不要接受这项任务。这项任务就是后来以希腊神话中的太阳神的名字命名的“阿波罗”登月计划。

其实“阿波罗”计划早在1957年便开始设想。1960年左右曾认为登月的途径无外乎两种：一种是“直接登上月球”，一种是从地球轨道发射站上发射。后来一个名叫霍博尔特的工程师提出了一个全然不同的月球轨道会合方案，就是用一艘比较小的航天飞船从月球轨道上下降到月球上，完成探险任务之后再在月球轨道上与母船会合对接，返回地球。经过一场激烈的内部大争论之后，霍博尔特的设想被采纳了。这一技术途径使“阿波罗”的登月着陆计划的实现至少提前了两年。

为研制大型运载火箭，著名的火箭专家布劳恩及其4人小组划归国家航空航天局。政府同时为“土星—5”号火箭的研制经费拨款1.4亿美元。在最初的登月舱设计中，在每位宇航员座椅前方的舱壁上各安排了两个窗口。较大的一个舷窗口与宇航员的眼睛齐平。因宇航员是坐着的，窗口距宇航员的眼睛的距离为60厘米。较小的一个舷窗口靠近宇航员的膝盖。这样的设计很不理想。首先，由于舷窗的总面积过大，暴露的阳光太多，而缩小面积又会影响宇航员的视野；其次，由于窗口离宇航员的眼睛较远，视野非常有限，给月球着陆过程中宇航员对着陆地点情况的观察造成了极大的困难。此外，因为窗口大，重量也大，侵占了其他设备的重量。为了找到一个使窗口缩小、重量减轻、视野又好的合理的设计方案，设计师们绞尽脑汁，并经常为此争论不休。一天，航天局的一名工程师发牢骚说："登月舱从与服务舱、指挥舱分离到在月面上着陆总共只有1小时，甚至更短，为什么非得让宇航员坐着，站着难道不行吗?""站着?""是的，站着!"一句牢骚话为设计师们打开了思路。一个合理的新方案由此产生了。宇航员站着，可以使眼睛靠近窗口向外观察，视野大大地扩展了。在这种条件下窗口可以设计得很小，从而也减轻了重量。真是踏破铁鞋无觅处，得来全不费工夫!

实现首次载人登月，面临一系列的问题和困难。而首先要求回答的问题是，月球表面到底是什么样子?飞行器能在那里安全着陆吗?它能承受飞船和宇航员的质量而不使之陷入尘埃吗?最佳的降落着陆点应选在哪里?为了侦察月球上的情况，美国在1961—1967年间发射了一系列的自动月球探测器。其中包括9个"徘徊者"探测器，7个"勘察者"和5个"月球轨道飞行器"。3个型号的月球探测无人飞行器，先后对月球表面进行了大量拍摄，取回了月球土壤和岩石标本，考察了月球表面的坚实程度，并对适宜的着陆地点进行了反复的选择和测绘。到1967年年底，美国宇航局将有希望的登月地点筛选并剔剩到"静海""风暴海"等5处。

"阿波罗"号飞船主要由救生系统、指挥舱、发动机舱和登月舱组成。指挥舱是飞船的主体，是飞船的控制中心，也是整个飞船唯一返回地球的部分。在该舱的头部装有在地球上着陆的系统、反作用系统发动机、天线、救生系统和正面闸门；在舱的后部有反作用操纵系统发动机和燃料箱，因为它是宇航员工作和休息的主要舱室，所以这里还有通信、导航、控制计算机和显示仪器。救生系统飞船在发射阶段的60千米以下的脱险装置，一般是在飞船上升到80千米后将其抛掉。发动机舱内装有环境控制系统、推动系统、电源、通信、制导、姿态控制和变轨发动机设备。登月舱分为下降段和上升段两个结构，分别用来将2名宇航员降落到月球表面上和送回等候在月球轨道上的母船上。在指挥舱和登月舱之间有一个连接隧道，供宇航员过渡用。

“阿波罗”计划中要求最高的是可靠性问题。过去的飞行都是在地球轨道上，飞行中出现故障可以在几分钟内应急返回，然而“阿波罗”号要飞到离地球38万千米的月球上去，一旦出现故障需3天的时间方能返回地球。在极其恶劣的宇宙环境条件下这么长的时间意味着什么是显而易见的。因此，只能要求各方面严格把关，做到万无一失。为此除了在地面对所有元部件进行反复严格的考验外，在登月前又进行了一系列飞行试验，包括6次无人亚轨道和地球轨道飞行试验、1次载人地球轨道飞行试验和3次载人月球轨道试验。

为宇航员登月而研制的航天服每件价值30万美元。白色的服装和背包生保系统、应急氧储备及天线装置，共重93千克。服装由16层材料组成，可以保温、防微陨石袭击；服装内有冷却和供氧系统，以维持宇航员生命。胸部有一组用于操纵和检测背包系统的控制盘；背包里有供给宇航员氧气、冷却服装循环的水、小型无线电发报机和一个氧气净化装置；头盔通过一个金属卡圈与服装颈部相连接，头盔有两层面罩，可以防护宇航员眼睛不受紫外线、红外线和流星微粒的伤害；头盔外壳由一种很结实而且轻巧的聚碳酸盐类材料制成；在头盔下是带有两套耳机和送话器的小帽；加压手套有一个特殊纤维做的外壳，内层是绝热材料，以防在工作中同热物体或冷物体接触时手受伤；手套的指端由硅有机橡胶制成，可提高宇航员手指的敏感性；套靴由21层绝热材料做成。在指挥舱内宇航员可不穿航天服而只着贴身的“衬衣”。它是由上衣和裤子组成的轻便的特氟纶飞行服，保暖性能良好，衣袋里存放着宇航员的必用品。

1969年5月18日，“阿波罗”10号飞船把3名宇航员载到环绕月球的轨道，试验了指令舱和登月舱的分离、对接，并探测了月球上的静海登月点，进行载人登月前的一次预演。5月26日，3名宇航员平安返回地球。这样，一切准备就绪，登月的时机完全成熟了。1969年7月16日，高110.6米，重2 930吨的“土星”5号火箭，载着“阿波罗”11号飞船升空，开始了人类首次登月的太空征程。美国宇航员阿姆斯特朗、奥尔德林、科林斯驾驶着“阿波罗”11号宇宙飞船跨过38万千米的征程，承载着全人类的梦想踏上了月球表面。这确实是一个人的小小一步，但是整个人类迈出的伟大一步。他们见证了从地球到月球梦想的实现，这一步跨过了5 000年的时光。

知识链接

“阿波罗”计划是世界航天史上具有划时代意义的一项成就。整个工程完成了6次登月，共有12名宇航员成功登月。该工程历时约11年，耗资255亿美元。在工程高峰时期，参加工程的有2万家企业、200多所大学和80多个科研机构，总人数超过30万人。

与太空握手

人类进入航天时代不久，美国和苏联就开始了太空领域的早期合作。1972年4月5日，两国专家达成了太空合作的17点协议。至此，美苏两国首脑和专家实现了“地球上的握手”，为3年后两国宇航员在太空实现“轨道上的握手”奠定了基础。

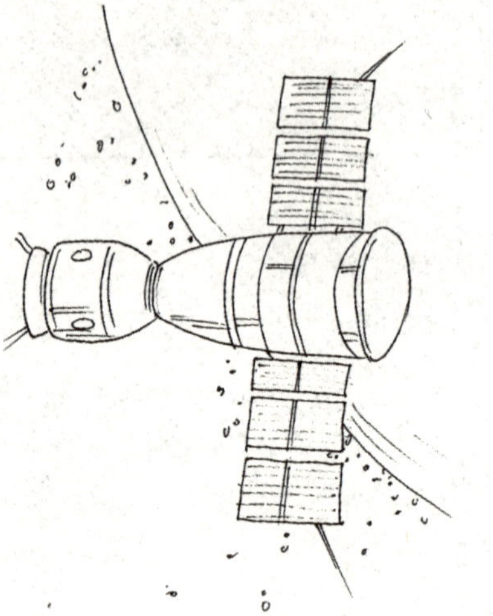

握手是人类见面或分别时的一种礼节性举动。人们在地面上握手非常简单，只要彼此把手伸向对方，然后握在一起就行了，可是要想让两艘宇宙飞船在太空“握手”就不那么容易了，而要实现美苏两国飞船的“握手”更是难上加难，因为两个国家的载人航天技术在其发展过程中不仅高度保密，而且各行其是，没有一个统一的标准，这给飞船联合飞行带来很大障碍。为了排除这些障碍，在1972年5月到1975年7月，两国专家先后会见20多次，共同进行了11项试验，先后解决了两种飞船5个方面的相容性问题。

为使飞船对接，首先必须使它们能够在太空中彼此找到对方，并测出相互间的距离。虽然“联盟”号和“阿波罗”号飞船的测距与交会装置原理相同，但它们的特点和操作方法却存在很大差别。为了节省时间，专家们没有重新研制这种系统，而是让“阿波罗”飞船保持不变，仅修改了“联盟”号飞船的设计。由于“联盟”号飞船的光学特性不符合“阿波罗”号飞船的要求，必须把它的外表变成乳白色，但是这样将打乱飞船内部的温度条件，最后专家们决定把“联盟”号漆成部分白色加部分绿色，同时还在“联盟”号装上了白色闪光灯。经过这样的改动后，“阿波罗”号飞船的宇航员能够比较容易地发现“联盟”号飞船。

专家们需要解决的第二个问题是对接装置的相容性问题。为了研制一种新的对接装置，美苏两国专家们分别举行了10次会议，最后采纳了苏联专家提出的环一瓣结构。对美国来说，这种结构好是好，但必须对“阿波罗”飞船进行“伤筋动骨”的修改。为了避免花费时间和金钱再进行大量试验，美国专家特地制造了一套专门用于对接的密封过渡舱。它的一端采用美国原有的对接形式，与“阿波罗”飞船指令舱顶端连在一起；另一端采用新的环一瓣结构，用于与“联盟”号飞船对接。

对接密封过渡舱的研制成功，同时解决了令专家们头痛的另一个问题。长期以来，为了保障宇航员的生命，联盟号座舱一直充填氮氧混合气体，而美国充填的却是纯氧气体。有了密封过渡舱，生命保障系统的相容性问题得到了解决。为了不让宇航员从“联盟”号进入“阿波罗”飞船前在过渡舱待太长时间，苏联专家克服了技术上的许多困难，特地使联盟号的气压降低了1/3。苏联的这一友好合作的举动，不仅使美国专家简化了对接装置，节约了制造费用，还为两国宇航员的互访提供了更多时间。除此之外，还先后解决了通信和飞行控制与组织机构和飞行程序两大相容性问题，并完成了6次共计700小时的宇航员训练，以及6次飞行控制人员的训练。

参与“太空握手”的两艘飞船分别命名为“阿波罗”18号和“联盟”19号飞船。1975年7月15日，苏联拜科努尔发射场迎来了繁忙的一天。格林尼治时间12时20分，一枚巨大的联盟号火箭载着联盟19号飞船从发射台上腾空而起。与以往进行的许多次发射不同，苏联电视台对这次发射进行了现场直播，大约有一亿多苏联人从电视屏幕上看到了联盟号火箭喷着烈焰和浓烟拔地而起的情景。另外，美国驻苏联大使和美国航宇局副局长还被允许在发射场地观看这次特殊的太空飞行。

联盟19号升空7个半小时以后，一枚美国的土星1B型火箭从肯尼迪航天中心将“阿波罗”18号飞船送入太空。在此后两天多的时间里，“联盟”19号和“阿波罗”18号两艘飞船，按照联合飞行文件规定的程序正常飞行，等待对接时刻的到来。

经过51小时49分钟的飞行后，“阿波罗”18号和“联盟”19号在漆黑的太空中缓缓驶向对方，最后成功地实现了对接，像两只大手一样紧紧地握在一起。接着，两国宇航员开始互访。当对接过渡舱的舱门一打开，两位飞船指令长——列昂诺夫和斯坦福德——的手就热烈地握在一起。列昂诺夫用英语对斯坦福德说："很高兴见到您。"全世界的电视观众都兴奋地看到了这一具有历史意义的画面。

在第一次历时10个小时的互访中，两国宇航员相互交换了国旗，并收到了苏联领导人勃列日涅夫发来的贺电。7月18日，即第一次互访后的第二天，两国宇航员开始第二次互访。当飞船飞经苏联伏尔加格勒上空时，苏联宇航员库巴索夫面对电视摄像机，向美国宇航员布兰德回顾了第二次世界大战期间，苏联红军在这里与德国法西斯进行的战斗。互访快结束时，斯坦福德向苏联观众转达了美国人民的良好祝愿。此后，两国宇航员又进行了两次互访，他们像一个友好大家庭的成员一样，一起进行科学实验，一起表演电视节目，一起回答两国新闻记者们提出的问题。两国宇航员联合进行的科学实验共有5项，包括人造日食实验、带状菌生物节律实验、微生物交换实验和紫外线吸收实验。经过6天飞行后，"阿波罗"18号和"联盟"19号飞船彼此松开了紧握在一起的"手"，带着32项令人满意的科学实验结果满载而归。

美苏两国这次"太空握手"缓和了长期以来两国间你争我夺的太空竞赛，得到了全世界的赞誉。20年后，1995年6月29日至7月4日，美国亚特兰蒂斯号航天飞机进入轨道开始追逐俄罗斯和平号空间站，经过41个小时飞行进入对接距离之内。当距离缩短到82米时，亚特兰蒂斯号驾驶员操纵航天飞机以3厘米/秒的速度慢慢靠近和平号空间站的对接处，不久，这两个以相对于地面2.8万千米/小时速度运行的航天器对接成功。这次"太空握手"与20年前相比，规模大、时间长，而且合作的项目更多。它促进了国际航天站的建立，推动了航天技术的发展。

知识链接

航天器对接是指受控航天器通过对接装置与另一航天器相互接触，并通过对接机构将二者连接为一个整体的过程。人们掌握了这项技术，就可以把巨大而沉重的物体分批送入太空，再组装起来，像搭积木一样把一个个的舱体组合成一个大的整体。这是完成航天站、航天飞机、太空平台和空间运输系统的太空装配、回收、补给、维修、宇航员交换及营救等任务的先决条件。

运载火箭之王

为实现载人登月，苏联从 20 世纪 50 年代末就开始研制 H—1 重型运载火箭，但在研制过程中屡遭挫折。1974 年 5 月，苏联停止执行 H—1 火箭计划，开始了“能源号”火箭的研制。

“能源号”火箭长约 60 米，总重 2 400 吨，起飞推力 3 500 吨，能把 100 吨的有效载荷送入近地轨道。如果加上第三级火箭，则可把 18 吨的有效载荷送入地球静止轨道。它的运载能力比美国航天飞机还大 4 倍，堪称世界运载火箭之王。

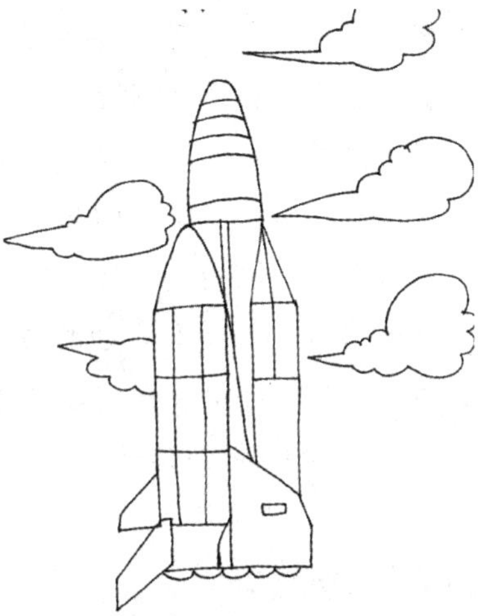

“能源号”火箭继续沿用了苏联大型运载火箭自 20 世纪 50 年代后期以来广泛采用的横向捆绑助推器的结构形式，由两级组成。第一级是助推级，第二级是芯级。助推级由 4 个相同的助推器构成，每个助推器长 32 米，直径 4 米，质量约为 375 吨。助推器由液氧箱、箱间段、煤油箱和尾段组成。尾段内装设一台 4 燃烧室的发动机，由一个配置在 4 个燃烧室之间的涡轮泵同时向 4 个燃烧室输送推进剂；芯级是苏联第一个采用液氧液氢火箭发动机的火箭级，长 60 米，直径 8 米，总质量约为 800 吨。推进剂约 700 吨，其中液氢 100 吨，液氧 600 吨。芯级上部是液氢箱和液氧箱，液氢箱长约 40 米，底部装有 4 台单燃烧室的液体火箭发动机。

与苏联以往的运载火箭相比，“能源号”的有效载荷并不配置在火箭的头部，而是安装在芯级的一侧。另外，“能源号”火箭并不直接将有效载荷运送入轨，而仅将其加速到亚轨道速度，在预定的轨道高度与有效载荷分离。有效载荷在分离后尚需依靠自身的发动机提供推力，加速飞行，直至进入所要求的轨道。由于“能源号”并不直接将有效载荷运送入轨，因此除轨道飞行器外，其他有效载荷都装在火箭旁侧的大型通用货舱内。货舱配有自己的推进系统。货舱长 42 米，直径 6.7 米，内部有效容积达 1 000 立方米，净质量约 15 吨。

能源号发射时，第一、二级发动机同时点火，到达 64 千米高空时，火箭助推器工作完成后，可由地面控制成对地脱离芯级火箭回收，经修理能重复使用 50 次。芯级火箭继续把有效载荷送入 200 千米左右的低地球轨道，然后火箭落于太平洋的预定海域。

“能源号”火箭的总设计师是古巴诺夫，有近百个设计局、工厂、企业和研究所直接参加了“能源号”的研制工作。为了保证能源号的高可靠性，古巴诺夫利用计算机进行过 500 次各种故障试验，借助 200 种实验装置对火箭整件和组件进行过 6 500 多次的试验，对全尺寸实物模型进行了 5 次试验。即使能源号的第一级或第二级火箭的一台发动机发生意外故障停机时，它也仍能继续有控制的飞行。

1988 年 11 月 15 日，能源号火箭将不载人的暴风雪号航天飞机送入太空轨道飞行，奠定了它的运载火箭之王的地位，为苏联航天技术的进一步发展建立了新的功绩。

知识链接

“能源号”的近地轨道发射有效载荷的能力远超美国的“土星五号”火箭一倍多。作为一种多用途运载工具，它既可用来发射航天飞机，也可为和平号轨道站发射组合舱，还可运送大型设备到轨道上建立太阳能发电站和完善太空基地，以及将来向月球或火星发射载人航天器。

太空"礼炮"

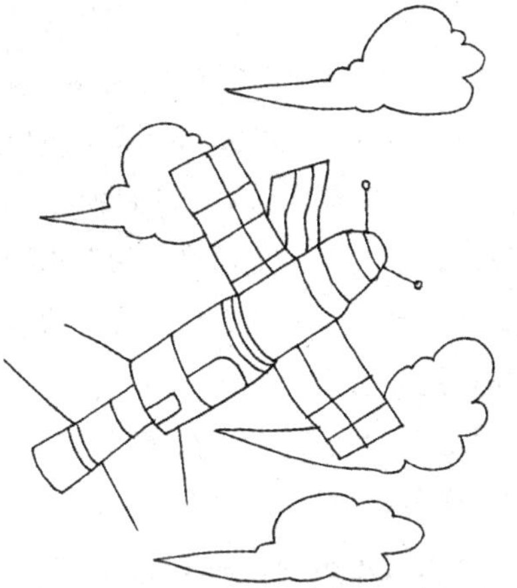

人类并不满足于在太空作短暂的旅游，为了开发太空，需要建立长期生活和工作的基地。于是，随着航天技术的进步，在太空建立新居所——空间站——的条件成熟了。苏联在同美国竞争登月失败后，为了在下一轮的竞赛中获得主动，决定全力以赴发展空间站计划。

1970年，苏联开始了"礼炮1号"空间站的建造工作。与此同时，他们对"联盟号"飞船进行了改装，以便使之成为空间站的辅助运输工具。1971年4月19日，人类历史上第一座空间站——"礼炮"1号——发射升空。它在太空运行6个月，相继与"联盟10号""联盟11号"飞船对接组成轨道联合体，每艘飞船各载3名宇航员，共在空间站上停留了26天。从此，载人太空飞行进入了一个新的阶段，人类在太空长期工作和生活的愿望成为了现实。

从"礼炮1号"到"礼炮5号"被认为是第一代礼炮号空间站。它们与联盟号宇宙飞船对接，组成"礼炮－联盟"航天复合体。第一代礼炮号空间站由三大部分组成：过渡舱、工作舱和设备舱。过渡舱一般长3米，直径2米，主要用于装载一些重要的仪器和设备。工作舱由两个直径不同的圆柱体组成，总长为9米左右。第一工作舱内有能操纵空间站的主工作台及控制站上系统工作的仪器。此外，生命保障系统的控制板及空气再生装置也在此舱内。第二工作舱内设有科学仪器舱，其内装有X射线望远镜等仪器。此外，这里设有食品冷藏柜、供水系统的水箱、两个向舱外排除各种废物用的气闸室及在壁橱内的保健卫生包，上部设有睡眠袋。工作台后侧是“太空体育场”，装有自行车测功器和跑步器。设备舱直径为2.2米，长度为3.7米。这是非密封舱段，其内装有轨道修正发动机装置及姿态控制发动机组和电视摄像机等设备。

第一代礼炮号空间站只有一个对接口，即只能与一艘飞船对接飞行。站上的食品、氧气、燃料储备有限，补给问题无法解决，轨道站的寿命也不是很长。因此经过改进，第二代的“礼炮”6号和7号两座轨道站增加了一个对接口，可以同时与两艘飞船对接组成轨道复合体。除接待“联盟号”载人飞船外，进步号货运飞船定期飞往轨道站，为宇航员运送工作和生活所需的物品，包括燃料和科学实验设备。这样就使宇航员在站上的活动范围更广，停留时间延长。

“礼炮6号”在太空飞行近五年，共接待18艘“联盟”号和“联盟T号”载人飞船。有16批33名宇航员到站上工作，累计载人飞行176天。其中1980年宇航员波波夫和柳明创造了在空间站飞行185天的纪录。礼炮7号空间站进入轨道飞行后，接待了“联盟T号”飞船的11批28名宇航员，其中包括第一位进行太空行走的女宇航员萨维茨卡娅。1984年，宇航员基齐姆维约夫和阿季科夫在空间站创造了237天的飞行纪录。“礼炮7号”空间站载人飞行累计达800多天，直到1986年8月停止使用。

通过研制及运行“礼炮6号”和“礼炮7号”这两个实用空间站，苏联积累了相当丰富的载人航天经验。不久，更新一代的航天站“和平”号上天，开辟了载人航天从考察试验向广泛进行生产活动过渡的新阶段。

知识链接

空间站又称“宇宙岛”，是一种在近地轨道长时间运行，可供多名宇航员在其中生活工作和巡访的载人航天器。小型的空间站可一次发射完成，较大型的可分批发射组件，在太空中组装成为整体。在空间站中要有人能够生活的一切设施，可以不再返回地球。到目前为止，全世界已发射了9个空间站。

天上的“实验室”

美国在与苏联进行的初期航天竞争中失利以后，不仅搞抢先载人登月的“阿波罗”计划，而且还要一鼓作气，逐渐甩掉一次性使用的火箭和一次性使用的载人飞船，而建设永久性航天站和为它配套的天地往返运输系统——航天飞机，想远远地将苏联人抛在后面，为此，他们拟订了“天空实验室”计划。

“天空实验室”航天站是利用“土星 5 号”第三级火箭改制而成的。它是一个长 14.6 米、最大直径 6.5 米、重约 80 吨的圆柱形筒舱。轨道工场是“天空实验室”的主舱，舱内用铝格地板分为上、下两层。上层是实验室及储水箱；下层又用隔板分成卧室、餐厅、观察室等。

“天空实验室”的发射分两步进行。首先将轨道工场、太阳望远镜、过渡舱和多用途对接舱发射升空，然后将登月计划中剩下的“阿波罗”飞船发射入轨与“天空实验室”对接。

1973 年 5 月 14 日，“天空实验室”被送上 435 千米高的近圆轨道上运行。11 天后，3 名宇航员乘“阿波罗”号飞船进入实验室。他们带了一把特殊的遮阳伞，这把橙色的遮阳伞由工人细心地折叠起来塞在一个 135 厘米长的筒子里。下午，宇航员康拉德把遮阳伞塞进一个小密封过渡舱里，然后渐渐地将它推出舱外，弹簧机构“啪”的一声将整个伞弹出。7米长、6米宽的矩形遮阳伞篷张开了，它形成的巨大阴影正好把工作起居室外的阳光挡住，一会儿，“天空实验室”内的温度开始下降，这橙色的遮阳伞挽救了价值2亿美元的“天空实验室”。接着，宇航员康拉德和克尔文穿上宇航服，拿着长长的杆子，将切割器绑在上面，伸到缠绕电池板的铝条上。克尔文的大半个身子都露在空间，他听到像暴风雪一样的声音呼啸而过，突然，脚一下没有蹬住，整个身子都掉到外面去了。两腿在空中晃荡起来，把维持生命的水、氧气管栓了几个结。这一下可吓坏他了，如果宇航服漏气那他就完了。康拉德急忙小心地替他解开了这些结。克尔文在空中做了几次努力后，终于在飞越南美上空时用切割器将铝条割开。电池板慢慢地伸开了，受伤的“巨鸟”展开了美丽的翅膀。由于他们成功地挽救了“天空实验室”，美国总统尼克松亲自发来了贺电。

1973年7月28日，“阿波罗”号飞船运送第二批3名宇航员进入“天空实验室”空间站，完成了59个昼夜的飞行。11月16日，该站又接待了第三批3名宇航员。这批宇航员一直在航天站生活到1974年2月才返回地面。此后，就再也没有宇航员进入该航天站，实际上它已经被关闭停用，成了一颗重达80吨的特大型人造卫星，独自在太空中绕着地球运行。

按照原来的计划，“天空实验室”至少有10年的轨道寿命，可以运行到1983年。到那个时候，美国航天飞机将研制成功，发射上天，对将要坠落的“天空实验室”进行抢救，由航天飞机帮它加速，提高它的运行轨道。不幸的是，由于20世纪70年代末太阳黑子活动加强，大气层的气体分子密度增加，“天空实验室”在运行中所受到的阻力增大，结果它的运行轨道高度的降低的速度比预计的要快得多。而航天飞机又由于技术上有困难，尚未研制出来，不能上天执行营救任务。这样，等待“天空实验室”的命运就只有坠毁了！

1979年7月11日，地面操作人员向“天空实验室”发出最后一次指令，使它安全地飞过北美大陆上空人口稠密地区，然后返回地球。“天空实验室”接到指令后，便像一条火龙划破长空，穿过大气层，最后化成无数碎片，坠落在澳大利亚西部地区和南印度洋。它在宇宙空间总共运行了 2 246 天，绕地球 34 981 万圈，航程达 14 亿多千米。

知识链接

美国在“天空实验室”里共进行了 28 项科学试验。在其中的材料加工实验中，宇航员利用电炉和电子束枪进行了空间焊接实验，后来证明焊接质量优于地面。在晶体生长实验中，宇航员发现在天空生长出的晶体长达 2 厘米，比预期的长 6 倍。这些工作为未来的太空生产积累了经验。

“和平号”人造天宫

“和平号”空间站是苏联第三代载人空间站，也是人类历史上的第9座空间站，被誉为“人造天宫”。它的整体形状看上去就像一束绽开的花朵，有6个对接口，可在互不干扰的情况下接待6个飞船，其中有的飞船的质量可以比“和平”号本身的质量大几倍，从而形成巨大的空间轨道联合体。

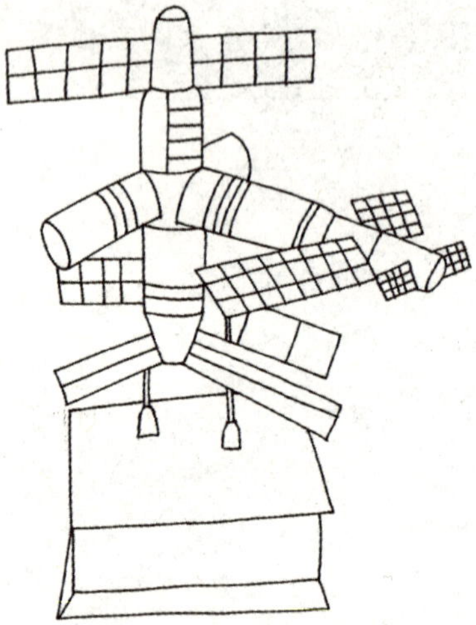

“和平号”太空站是1986年2月20日升空的，设计工作寿命是5年。可它刚满5岁就遇上了苏联解体，到1999年它已在轨工作了12年有余。按原计划，俄罗斯还将开发出“和平2号”接替“和平号”。但20世纪80年代后期苏联的经济危机及苏联解体后俄罗斯经济处于困境，“和平2号”因资金不足而难产。于是，“和平号”担负起在困境中发展载人航天技术的使命。为了维持“和平号”的生存，俄罗斯只得让“和平号”和外国宇航界合作，争取外援。先后有28个长期考察组和16个短期考察组在上面从事考察活动，共有俄罗斯、美国、英国、法国、德国、日本、叙利亚、保加利亚、阿富汗、奥地利、加拿大、斯洛伐克12个国家的135名宇航员在空间站上工作过。

“和平号”空间站创下了多个世界第一：它是在太空工作时间最长、超期服役时间最长、工作效率最高、接待各国宇航员最多的太空站，俄罗斯宇航员波利亚科夫创造了单人连续在太空飞行438天的最高纪录。此外，“和平号”空间站还在试验人造月亮、空间商业化等方面进行了许多有益的探索，获得了大量数据及具有重大实用价值的成果，为开发利用太空和人类在太空长期生活积累了丰富的经验。在医学领域，研究了在太空使用的药物处方、宇航员飞行后的体力恢复方法；在生物学领域，研究了蛋白质晶体生长、高效蛋白质精制、特殊细胞分离、特种药品制备等；在材料和空间加工领域，进行了600多种材料试验，制造了半导体、玻璃、合金等35种材料；在对地观测方面，发现了10个地点可能有稀有金属矿藏，117个地点可能有油脉存在；在天文观测方面也有许多重大发现。此外，还开发了大量空间新技术。

由于超期服役，“和平号”在10多年里共发生了近2 000处故障，其中近100次故障一直未能排除。空间站的中央计算机已老化到了必须完全更换的地步。空间站的温度调节系统也故障不断，太空舱的局部温度有时竟达53℃。“和平”号上的蓄电池曾两次异常放电，导致“和平”号与地面短暂失去联系及空间站局部停电。1997年6月还曾发生货运飞船撞穿“和平号”“光谱”舱事故。另外，多年的宇宙陨石微粒撞击和空间站内部化学物品的腐蚀，也已使“和平号”70%的外体遭到腐蚀。但维修“和平号”耗资巨大，每年需投入2.5亿美元，俄罗斯政府对此已无能为力。不得已之下，俄罗斯只得放弃“和平号”。2001年1月5日，俄政府总理签署了结束“和平号”空间站工作的政府命令。

2001年3月23日下午2时，在全世界人民的关注的目光中，“和平号”终于走完了15年的坎坷路程，带着它创下的无数成就，带着苏联时代的骄傲、带着全俄罗斯人民和全世界人民的惋惜从地球轨道上消失了。在高速坠落的过程中，这个凝聚着人类智慧结晶的庞然大物片片分解、燃烧，急速坠入斐济主岛以南的太平洋洋面。作为人类历史上最为成功的长期载人空间站，“和平号”无疑将永垂史册。

知识链接

在“和平号”空间站的15年生命历程中，共绕地球飞行了8万多圈，行程35亿千米，共有31艘“联盟号”载人飞船、62艘“进步号”货运飞船与“和平号”实现对接，宇航员在“和平号”上进行了78次太空行走，在舱外空间逗留的总时数达359小时12分钟。

航天飞机艰难问世

20 世纪 70 年代之前，人类探索太空的工具，不论是人造卫星、登月飞船，还是随后的太空实验室，都是通过发射一个又一个功率巨大的运载火箭来把它们送上太空的。研究、设计和制造这样的运载火箭需要耗费大量的人力、物力和财力，而这种代价高昂的运载火箭却只能使用一次。因此，制造一种可以重复使用的工具，以便大大降低宇宙航行的成本，这就成了人们发展宇宙航行事业的迫切需要。不久后，一种新型的运载工具诞生了。这是一种具有运载火箭性质、往返于太空与地球之间、像飞机一样的宇宙运输工具，人们称之为航天飞机。

美国是最早研究航天飞机各种可行方案的国家。1977 年 1 月 31 日，在数千名警察的前呼后拥下，美国第一架航天飞机——“企业号”——被运到爱德华兹空军基地。首先它被吊趴在波音 747 飞机背上，让飞机驮着它进行了 3 次滑行试验。2 月 18 日，波音 747 又 5 次驮着“企业号”在 4 900 米高空以每小时 460 千米的速度飞行了 2 小时，然后安全降落。8 月，“企业号”首次载人飞行，不过它还是被波音 747 驮上天后再分离。“企业号”在 7 300 多米的高空飞翔了 5 分钟，自行返回机场。它在天上做了 3 次有人受控机载飞行和 5 次有人机载“自由”返航飞行均获成功，证明航天飞机重返大气层进行着陆是完全可靠的。遗憾的是，由于奖金短缺，“企业号”没有再继续飞行。在一系列成功的地面试验后，它披满尘土长眠在机库里。

1981 年 4 月 12 日，是人类航天历史上崭新的一页。这一天，第一架真正意义上的航天飞机——“哥伦比亚号”航天飞机——飞上了太空。

这天凌晨2点，“哥伦比亚号”静静地矗立在美国肯尼迪航天中心的39A发射阵地上。这个大家伙长约56米，高23米多，起飞重量约2 000吨。它由上下两部分组成：上部是轨道器，长约37米，翼展宽约23米，自重约68吨，其体积与大型喷气式客机相似；下部是两个固体燃料助推器和一个外储箱，外储箱处在两个固体燃料助推器之间，也是一个庞然大物，长约47米，直径约8米。航天飞机内部装有上千吨燃料——液氢和液氧，作为主发动机的推进剂。

7时，“哥伦比亚号”的2台固体火箭发动机和3台液体火箭主发动机同时点火。航天飞机的尾部发出闷雷般的巨响，两个固体燃料助推器的尾部喷出了180多米长、60多米宽的橘黄色火舌，在外挂燃料箱后部烤出了耀眼的白光，将约翰·杨和罗伯特·克里平两位宇航员送上太空。升至大约50千米的高空，固体燃料助推器燃烧完毕，借助6支分离小火箭与“哥伦比亚号”分离，其空壳用降落伞减速，溅落在预定海域。在那里，回收船早已恭候多时。此后，在主发动机的推动下，“哥伦比亚号”继续上升。抛掉外储箱后，进入了预定轨道。这时，主发动机熄火，2台小型发动机启动控制飞行。

飞行过程中地面监视人员突然发现，在两台轨道调整发动机突起的外蒙皮上，出现了几个近似方形的黑点。地面控制中心的人员立即向“哥伦比亚号”发出指示：“查清这些黑点的情况。”克里平受命后，立刻通过控制摄像机检查轨道器尾部。他平静地报告道：“每个发动机外部都有几块防热瓦脱落。右舷基本上可以确定掉了3块，另外还有一些较小的缺损；左边的据我看只有一块完全脱落，另有一些小的三角形缺损……”航宇局决定在航天飞机通过头顶的时候，用美国国防部的高分辨率照相机对它进行拍摄。拍摄分析后的情况表明，一切都不必担心。于是，休斯敦飞行控制中心向航天飞机发出指令：“飞下去。”

时间过得很快，“哥伦比亚号”已经在空中飞行了50多个小时，已经环绕了地球36圈。它即将返回地面。在爱德华兹空军基地，4架T—38歼击机整装待发，准备以一个同步方阵飞行5分钟，以便于在1.2万米的高空与“哥伦比亚号”会合，并跟踪到它降落为止。歼击机的任务，是在航天飞机下降时，向宇航员提供最准确的高度和速度信息，并在航天飞机着陆之前拍摄到所有的飞行情景。

“哥伦比亚号”预定于17点49分1秒到达12.2万米高处的大气层顶部。17点47分，“哥伦比亚号”飞出了关岛站接收区。它将在5.8万米的高空，飞进加利福尼亚海滨上空。在这之前，它的一切通信联系都将暂时中断。“哥伦比亚号”终于飞进了12.2万米这个航宇局定义的大气屏障。它以24.6倍于地面声速的速度飞行着——要知道，在此之前，世界上没有一个人曾驾驶飞机达到过这样的速度。18时5分，“哥伦比亚号”与休斯敦恢复了联系。在飞机着陆前9秒，约翰·杨放下了机轮。这时，一架在一旁低飞的跟踪飞机通过无线电报告说：“起落架已经放下……50……40……4，3，2，1——接地了！”地面控制人员兴奋地欢呼：“成功了，成功了！”

第一架载人航天飞机终于出现在太空舞台，这是航天技术发展史上的又一个里程碑。

知识链接

航天飞机能像火箭那样垂直发射进入空间轨道，又能像卫星那样在太空轨道飞行，还能像飞机那样再进入大气层滑翔着陆，它的轨道器可重复使用100次。作为一种新型的航天器，它不但可以在天地间运载人员和货物，而且能凭着它容积大的特点，把人造卫星从地面带到太空去释放。

“暴风雪计划”惨淡收场

美国的航天飞机问世以后，苏联当局将这一新型航天器视为未来美国搭载核武器的工具，于是他们决定对这种“威胁”作出回应。不久后，苏联制订了“暴风雪”计划，开始研制自己的“太空梭”——“暴风雪号”航天飞机。

1980年，“暴风雪号”航天飞机的建造工作正式开始。这种航天飞机的大小与普通大型客机相差无几，外形同美国航天飞机相仿，机翼呈三角形。机长36米、高16米，翼展24米，机身直径5.6米，起飞重量105吨，返回后着陆重量为82吨。它有一个长18.3米、直径4.7米的大型货舱，能把30吨货物送上近地轨道，将20吨货物运回地面。头部有一容积70立方米的乘员座舱，可乘10人，设计飞行寿命100次。

作为冷战时代美苏争霸的产物，“暴风雪号”凝聚的是最先进的技术，在很多方面甚至还优于美国的航天飞机。首先，“暴风雪号”的主发动机不是装在航天飞机尾部，而是安装在能源号火箭上，这样就大大减轻了航天飞机的入轨重量，同时能腾出位置安装小型机动飞行发动机和减速制动伞。其次，“暴风雪号”着陆时，可用尾部的小型发动机做有动力的机动飞行，安全准确地降落在狭长的跑道上，万一着陆失败，还可以将航天飞机升起来进行第二次着陆，从而提高了可靠性。而美国航天飞机靠无动力滑翔着陆要求一次性成功。再次，“暴风雪号”能像普通飞机那样借助副翼、操纵杆和空气制动器来控制在大气层内滑行，还备有减速制动伞，在降落滑跑过程中当速度减慢到50千米每小时时自动弹出，使航天飞机在较短距离内停下来。

1988年11月15日莫斯科时间清晨6时整，“暴风雪号”航天飞机从拜科努尔航天中心首次发射升空，47分钟后进入距地面250千米的圆形轨道。它绕地球飞行两圈，在太空遨游3小时后，按预定计划于9时25分安全返航，准确降落在离发射地点12千米外的混凝土跑道上，完成了一次无人驾驶的试验飞行。

“暴风雪号”的成功首飞给各国带来了很大影响，人们期待着它能够早日完成载人飞行。按原计划，第二架航天飞机将于1991年首飞，第3架则是在1992年建造完成，而首次载人飞行将在1994—1995年进行。但由于政治和经济原因，这一切都没有实现。苏联解体后，昔日的计划更是彻底失去了经济支持。1991年，苏联军方停止了对该计划的拨款支持。1993年，暴风雪航天飞机机身的设计者被迫承认，“暴风雪计划”就此结束。此后，“暴风雪号”航天飞机没有再进行过太空飞行。所有航天飞机只得存放在库房中，任灰尘飞扬，仪器老化。而未完工的两架则已在20世纪90年代中期被拆解。2002年，“暴风雪号”航天飞机中可以飞行的一架连同“能源号”火箭一道，因拜科努尔的厂房坍塌而被摧毁。至此，“暴风雪计划”在凄凉惨淡中彻底终结。

知识链接

为了发射“暴风雪号”航天飞机，苏联专门研制了被称为“运输火箭之王”的能源号重型运输火箭。此外，为解决“暴风雪号”的运输问题，他们还专门设计了“梦幻”大型运输机。这是目前已有的体积最大、载重能力最强的飞机，迄今只生产了2架。

“挑战者号”罹难

1986年1月28日，美国第二架航天飞机“挑战者号”在进行第10次飞行时，从发射架上升空70多秒后发生爆炸，价值12亿美元的航天飞机化作碎片，坠入大西洋，7名机组人员全部遇难，造成了世界航天史上最大的惨剧。

“挑战者号”是美国第二架上天飞行的航天飞机。它也是由轨道飞行器、外挂燃料储箱和固体火箭助推器三部分组成。轨道飞行器形状酷似普通飞机，机身长37米，翼展24米，头部是密封的乘员座舱，机身就是货舱，一次可向太空载送20吨货物，运回10吨物品。货舱里装有机械臂，可将货物送入太空，或把空间的飞行物体抓住收回货舱。尾部是3台主发动机。外挂燃料储箱重35吨，长47米，最大直径8.4米。它在航天飞机脱离地球引力进入轨道后，燃料用完即同轨道飞行器分离，坠入大气层中烧毁。两枚固体燃料的两则，每枚长45.5米，直径3.6米；火箭分4节，由177颗钢钉铆合在一起。

1986年1月28日，7名宇航员搭乘“挑战者号”航天飞机进行它的第10次航天飞行。11时38分，“挑战者号”发射升空，直冲云霄。7秒钟时，飞机翻转；16秒钟时，机身背向地面，机腹朝天完成转变角度；24秒时，主发动机推力降至预定功率的94%；42秒时，主发动机按计划再减低到预定功率的65%，以避免航天飞机穿过高空湍流区时由于外壳过热而使飞机解体。这时，一切正常，航速已达每秒677米，高度为

8 000米。50 秒钟时，地面曾有人发现航天飞机右侧固体助推器侧部冒出一丝丝白烟，但是这个现象没有引起人们的注意；52 秒时，地面指挥中心通知挑战者号上的指令长将发动机恢复全速；59 秒时，高度为 10 000 米，主发动机已全速工作，助推器已燃烧了近 450 吨固体燃料。此时，地面控制中心和航天飞机上的计算机上显示的各种数据都未见任何异常。第 72 秒时，高度为 16 600 米，航天飞机突然闪出一团亮光，外挂燃料箱凌空爆炸，航天飞机被炸得粉碎，与地面的通信猝然中断，监控中心屏幕上的数据全部消失。“挑战者号”变成了一团大火，两枚失去控制的固体助推火箭脱离火球，成“V”形喷着火焰向前飞去，眼看要掉入人口稠密的陆地，航天中心负责安全的军官眼疾手快，在第 100 秒时，通过遥控装置将它们引爆了。

“挑战者号”失事了！它爆炸后的碎片散落了 1 小时之久，价值 12 亿美元的航天飞机就此化为乌有，7 名机组人员全部遇难。在这 7 名宇航员中，有两名女宇航员。最引人注目的是一名中学女教师麦考利夫，她是从 1 万多名报考应征的教师中严格挑选的，准备在“挑战者号”进入第 4 天飞行时，在太空向地面的学生讲两堂课，每堂 15 分钟，以此标志航天飞机走向更为实用的阶段。不幸由于这次意外事故而使空中课堂的计划未能实现，麦考利夫作为一名教师以身殉职。在美国新罕布什尔州的康科德中学，当学生们从电视上看到“挑战者号”载着他们的老师飞向太空时，兴奋得欢呼起来。然而不久，面对“挑战者号”突然爆炸的画面，学生们不禁目瞪口呆，继而失声痛哭。

在“挑战者号”爆炸之前，苏联和美国的宇航员也曾因意外事故而牺牲，但这并没有影响人类的宇航活动，因为人类对未知领域探索的步伐永远不会停止！

知识链接

“挑战者号”失事后，美国组织了大规模的调查，同时出动飞机和舰只封锁海面，打捞残骸碎片。在3个月时间里，一共寻找到4千多块残骸碎片，占“挑战者号”整个机体的30%。经分析，挑战者号爆炸是右侧固体火箭助推器连接处因设计上的缺陷和气温过低、密封垫圈失效造成的。

“奋进号”太空作业

“挑战者号”航天飞机失事以后，1991 年，美国又投资 20 亿美元研制了一架新的航天飞机。当时美国宇航局向全美各地的中小学生征集新航天飞机的名字，最终，这架航天飞机被命名为“奋进号”。

“奋进号”于 1992 年 5 月 7 日首航。这次飞行的任务之一是修复一颗失控的卫星——“国际通信卫星 6 号”。这是一颗 1990 年发射的国际通信卫星，但它并未入轨道，而是被扔在了距地面 362 千米的一条无用的轨道上，白白地飘荡了两年。美国“奋进号”航天飞机奉命拯救这颗“生灵”，让它起死回生。

“奋进号”飞近卫星后，一开始，两名宇航员出舱想用一根长 4.5 米的捕获杆捉住卫星，但是只要稍受触动，卫星就剧烈地晃动、飘飞，两次捕捉都没有成功。5 月 13 日，3 名宇航员形成 120°角排开，围住卫星然后飘到卫星前的同时用手抓住卫星，使它稳定以后再用捕获杆卡住卫星，慢慢地将卫星拉回航天飞机的货舱里，徒手捉卫星的整个过程达 1 小时 47 分。后来，宇航员又为这颗卫星安装了一个固体发动机，再把它放回了太空。14 日下午，“国际通信卫星 6 号”发动机点火，卫星进入了预定轨道，开始执行其为期 10 年的工作使命。为修复这颗卫星，国际卫星组织共花费 1.53 亿美元。但是，要重新制造一颗卫星再加上发射费用则需 2.7 亿美元，而且还要等两年。这次修复成功，不仅可节省近 1.2 亿美元，而且还将赢利 1.728 亿美元。

1993 年 12 月，“奋进号”航天飞机再次升空，这次的使命是修复哈勃太空望远镜。

哈勃太空望远镜是于1990年被送入近地轨道的。但两个月后，它的“病症”接连出现：先是镜头出了问题，成了“近视眼”，由可以看到140亿光年的观测距离缩短为40亿光年；再就是“颤抖症”，望远镜由于太阳能电池帆板经不起热胀冷缩，出现了颤抖，大约一天要颤抖16次；再就是“大脑”出了问题，主计算机部分失效。

1995年12月2日，美国东部标准时间4时27分，“奋进号”航天飞机发射成功。6个小时后，航天飞机的指令长和副驾驶员操纵机上11台轨道机动发动机，完成了两次机动飞行，靠近了哈勃望远镜。12月4日，航天飞机上伸出加拿大制造的15米长的遥控机械臂，将这个庞然大物抓住，并放在货舱内的可转动专用支架上，修复工作拉开了序幕。

12月5日，宇航员霍夫曼中校、马斯格雷夫博士身着宇航服进入敞开的货舱。霍夫曼用脚上的一个装置将自己的一只脚套在机械臂端的平台上，并打开了望远镜壳体上的一组后舱盖。马斯格雷夫顺着货舱壁的扶手到达维修位置，他把一只脚捆在望远镜内，两人更换了三台陀螺速率传感器，并装上了新的安培保险丝。此次活动花了近八个小时的时间。第二天，女宇航员桑顿、空军中校艾克斯进行了第二次舱外活动。先是舱内机械臂操纵手——瑞士宇航员尼科利耶空军上尉——操纵机械臂将太阳能电池帆板扔掉；再就是两个舱外人员安装上了美国制造的新太阳能电池帆板，采用新伸缩软管式隔热结构，治愈了“颤抖病”，此活动用了近七个小时。12月7日，霍夫曼和马斯格雷夫进行了另外三次舱外活动。两人密切配合，先将272千克的相机沿镜内导轨推出，再换上新型相机。这一次也用了近七个小时。12月8日，艾克斯和桑顿为哈勃望远镜主镜装上了新光学系统和计算机。这样，哈勃望远镜的“眼睛”得到复苏。这次活动花了六个多小时。12月9日，霍夫曼和马斯格雷夫进行了最后一次舱外活动，他们用七个小时更换了一个太阳能电池帆板驱动装置。到这里，整个哈勃望远镜修复工作告一段落。12月13日，“奋进”号航天飞机在肯尼迪航天中心安全着陆，举世瞩目的空间维修计划全部完成。过去，对于失灵的卫星是用航天飞机拖回地面修好后，再进行施放的。太空修理哈勃望远镜并为它更换零部件的做法，使人类在太空的活动领域得到了扩展，也使航天飞机的功能得到了充分的发挥。

知识链接

“奋进号”是美国最年轻、动力最强的航天飞机。与前几架航天飞机相比，“奋进号”的电子设备有所改进，而且在尾部还增加了一个减速伞，可以缩小着陆后在跑道上滑行的距离。截至2009年，它已成功发射20多次。最近一次完成任务是在2009年7月。

“太空城市”国际空间站

大家也许在科幻片里看到过“太空城市”，然而，在21世纪到来的时候，这个幻想已经开始变为现实了。2000年10月31日，一艘俄罗斯宇宙飞船载着一名美国宇航员和两名俄罗斯宇航员飞上太空，他们的任务便是建设“太空城市”——国际空间站。

国际空间站的设想是1983年由美国总统里根首先提出的，即在国际合作的基础上建造迄今为止最大的载人空间站。早在1984年，美国就试图建设一个属于自己国家的轨道站。然而，要建设这一个大型的轨道工作站，仅靠美国一国之力难度太大了。后来的分析论证结果显示，如此庞大、复杂且昂贵的轨道综合体只有通过国际协作才能顺利建成。当时，苏联正在为自己的“和平2号”空间站的建设费尽心力，但伴随着苏联的解体和之后俄罗斯经济的萎缩，该项目的建设处于停滞状态。在这种条件下，后来的俄罗斯领导人最终决定同意开展国际合作。1993年9月2日，美俄签署协议，双方同意在各自现有的空间站计划上联合建造一个包括欧洲空间局、日本、加拿大的部件的国际空间站。

1994年4月，国际空间站计划完成了系统的设计评审。在明确总体方案的同时，还确定了空间站的关键技术项目和分工。其中，美国提供的主要部件包括一个可容纳4名乘员的居住舱，一个多用途实验室舱，两个资源节点舱等；俄罗斯的任务是利用其成熟技术和硬件提供部件和服务，主要包括重型运载能力，太阳能电池帆板以及多功能运货舱，服务舱及救生飞船。其中，多功能运货舱将作为空间站的最核心部件之一，它第一个发射入轨，用于提供导航和轨道控制功能，也可供宇航员居住。欧洲空间局的任务是提供“哥伦布”轨道设施、自动转移飞行器和乘员运输飞行器三个单元部件。日本负责提供一个多用途空间科学实验舱；加拿大则提供一个移动服务系统，主要包括一个具有125吨负荷能力的16.5米长的机器人手臂及其他辅件。

1998年11月20日，俄罗斯的“曙光号”多功能运货舱顺利进入太空轨道。“曙光号”是由美国宇航局出资、俄罗斯制造的，它的发射升空以及同年12月美国“团结号”节点舱与其连接，标志着人类已经拉开了建设“太空城市”的序幕。2000年7月，“星辰号”服务舱与空间站连接。几个月后，首批宇航员登上了国际空间站。

国际空间站建设的最后阶段原本是从1998年开始到2004年结束。这期间要将美国的居住舱、欧洲航天局的“哥伦布”舱和日本实验舱以及加拿大的遥控机械臂装置送上轨道，从而最终完成国际空间站的组装。但国际空间站的预算远远超过了美国宇航局最初的预计，其建造时间表也比预定的要晚得多，主要原因就是2003年美国哥伦比亚号航天飞机失事之后，美国宇航局停飞了所有的航天飞机。按照计划，空间站建设将在航天飞机重返太空之后在2006年恢复，但是在2005年7月发现号航天飞机的一次飞行任务完成后，由于航天飞机隔热材料在升空过程中脱落，美国宇航局再次停飞所有航天飞机，这使得国际空间站的建设时间表再次拖延。

2006年11月15日，国际空间站上的活动首次在地球上进行了电视直播，这是人类首次观看到来自太空的高清晰度电视直播画面。2009年3月，美国宇航局网站又开始在线直播国际空间站的实时视频。当空间站工作人员睡觉或者下班的时候，全球互联网用户可以通过网络欣赏空间站的直播视频。

目前国际空间站仍在建设之中，部分实验设施也已经投入使用。建成后的国际空间站将是个“太空中的城市”，成为人类在太空中长期逗留的一个前哨。它包括6个实验舱和1个居住舱、3个节点舱以及平衡系统、供电系统、服务系统和运输系统，总重量为454吨，空间站主结构长 88 米，首尾距离 109 米，高度 44 米，封闭容积相当于两个波音 747 飞机的内部空间，平均运行高度为 350 千米。

知识链接

美国“哥伦比亚号”航天飞机于 2003 年 2 月 1 日失事，在此后的两年半时间里，国际空间站的人员接送和物资运输全部改由俄罗斯“联盟”号飞船负责。为了减轻经济压力，俄罗斯将原来前往国际空间站上的每次 1 组 3 名宇航员改为 2 名，以便搭载 1 名“太空游客”，赚取每次 2 000 万美元的费用。

天外“千里眼”

人们在地面上看远处的物体，最远也不会超过 1 000 米，而望远镜正是人眼的延伸。长期以来，科学家们梦寐以求的是：摆脱地球大气层的干扰和束缚，把望远镜送上太空，让人类在太空中拥有一双洞察宇宙的“千里眼”。1990 年，世界上第一台太空望远镜问世了，这就是哈勃太空望远镜。

哈勃太空望远镜是由美国宇航局主持建造的四座巨型空间天文台项目中的第一台，它是为了纪念美国天文学家哈勃而命名的。哈勃是近代天文学史上的一位传奇人物，他于 1924 年利用当时世界上最大的反射式望远镜——口径 2.54 米的胡克望远镜，发现旋涡状的仙女座大星云存在造父变星，他根据周光关系推算出该星云在银河系之外，同时证明该星云是同银河系一样的恒星系统，称为“河外星系”。科学界公认，哈勃是星系天文学的奠基人和观测宇宙学的先驱者。

哈勃望远镜的外观像一个 5 层楼高的圆筒，从 1979 年蓝图设计到 1990 年投入观测，总耗资 15 亿美元。若按重量计算，平均每克造价接近 130 美元，远比纯金要贵。1990 年 4 月 25 日清晨，美国肯尼迪航天中心，随着“发现号”航天飞机一飞冲天，哈勃太空望远镜随之升入太空。此后，它就一直运行于距离地面 600 千米的高空，成为了人类天文史上最重要的仪器。在长达 10 多年的孤独太空旅行中，哈勃望远镜帮助人类加深了对星系形成的了解，大致确定了宇宙诞生的年龄，增加了对恒星演化历程的认识，并通过对遥远的类星体的研究，探察了宇宙的结构。

其实，哈勃望远镜从上太空起就处于“带病坚持工作”状态。最初，它因为镜片的微小误差而不幸成了“近视眼”，后来宇航员亲手给它加装了“近视镜”才将它的视力矫正过来。那是宇航员对哈勃望远镜进行的第一次维护。后来，对哈勃望远镜的人工维护又进行了四次。尽管每次大修以后，哈勃望远镜都面貌一新，特别是2001年科学家利用哥伦比亚航天飞机对它进行的第四次大修，为它安装测绘照相机，更换太阳能电池板，更换已工作11年的电力控制装置，并激活处于“休眠”状态的近红外照相机和多目标分光计，然而，大修仍掩盖不住它的“老态”。

2009年5月，“亚特兰蒂斯”号航天飞机上的宇航员通过5次太空行走对哈勃望远镜又实施了一次维护，为其更换了相机、电池、陀螺仪、对接环、光谱仪等设备。新安装的广角相机价值1.32亿美元，天文学家有望利用它观测宇宙诞生后5～6亿年时的场景。新陀螺仪可以帮助哈勃望远镜更精确地对准宇宙中更遥远的天体。当退役返回地球时，哈勃望远镜可借助对接环与一艘遥控飞船相连，进而被引至太平洋上空。新安装的“宇宙起源光谱仪”是迄今太空中灵敏度最高的，装备了这一新“武器”的哈勃望远镜将可以向地面科学家提供宇宙中遥远天体的温度、密度及其运行速度的精确数据。这次维护工作完成后，哈勃望远镜的服役期有望延长至2014年。

学科展望

美国宇航局已经公布了用于取代哈勃望远镜的下一代太空望远镜——詹姆斯·韦布太空望远镜。它由美国、欧洲和加拿大航空机构合作完成，耗资45亿美元，其体积是哈勃望远镜的3倍，捕捉光线的能力是哈勃望远镜的6倍。预计它将于2013年由欧洲空间局的阿丽亚娜火箭送上太空。

“东风一号”露锋芒

新中国的航天史始于1956年。这一年10月，钱学森受命组建了我国第一个火箭、导弹研究机构——国防部第五研究院，他们的首要任务是研制可以进行远程打击的导弹盾牌。

1957年9月7日，中国政府派出代表团前往苏联，就寻求导弹援助等问题同苏方谈判。经过一个多月的谈判，中苏双方签订了一个协定。协定中规定，苏联向中国提供几种导弹样品和有关技术资料，并派遣技术专家帮助中国进行导弹仿制。1958年6月，苏联提供的第一批P—2导弹武器系统的图纸资料运抵我国。不久后，国防部五院正式将P—2导弹在我国的仿制型号命名为“1059”，意思是1959年10月完成仿制并进行首次飞行试验。

“1059”导弹的仿制始终得到了党和国家领导人的关怀。同时，全国各行各业给予了大力支持，只要是仿制导弹需要，要人给人，要设备给设备，要材料给材料，没有任何怨言。但是，由于中苏关系的破裂、苏联专家的撤离和其他多方面原因，事先协定的1959年10月完成仿制并进行首次飞行试验的目标未能实现。

经过我国导弹设计和工程技术人员与工人们的艰苦奋战，1960年2月5日，导弹的第一个大部段——酒精储箱——仿制成功。接着，其余7个大部段也相继完成。一个多月后，由我国导弹技术人员自行设计并施工安装的国内第一座大型导弹发动机试车台竣工验收，并利用P—2导弹发动机成功地进行了初级点火试车。与此同时，“1059”导弹发射所用国产推进剂的理化性能已经分析、测定完成，弹上仪器和地面设备等关键技术也取得了重大进展。1960 年 10 月中旬，经过 700 多个日日夜夜的奋斗，我国第一枚导弹总装圆满完成。

1960 年 10 月 23 日 0 时 45 分，一趟由 18 节客、货和特种车箱组成的专列，满载“1059”导弹和仪器、地面设备与特种车辆，以及发射试验人员从北京起程，秘密驶向酒泉导弹试验靶场。10 月 27 日，导弹安全运抵发射场。第二天，导弹进入技术阵地进行单元和综合测试。11 月 3 日，“1059”导弹测试结束，被装上专用运输车送往三号发射场区。

1960 年 11 月 5 日是我国历史上永远值得纪念的一天。这天凌晨，酒泉导弹发射场上呈现出一派繁忙的景象。在探照灯的照射下，整个发射场坪明如白昼，竖立在发射台上的“1059”导弹俨然一把利剑直指夜空。9 时 02 分 28 秒，发射指挥员下达了点火命令。随着一声惊天动地的轰鸣，发射台周围腾起一股浓烟，导弹的尾部向下喷吐出橙红色的火焰，随即拔地而起，直冲夜空。这时，发射场上空天气晴朗，能见度很好。几秒钟后，垂直上升的导弹开始程序转弯，向远方飞去。与此同时，指挥中心不断传来各跟踪台站“发现目标，飞行正常!”和“跟踪良好!”的报告。7 分 32 秒后，导弹准确击中目标。当落区发回发射成功的报告时，导弹发射场形成了一片欢腾的海洋，掌声和欢呼声响成一片。1964 年 2 月 27 日晚，一枚“1059”导弹被送到军事博物馆展出。半个月后，“1059”导弹按上级指示改名为“东风一号”。

苏联的 P—2 导弹是在德国“V—2”火箭基础上用了 4 年多时间仿制而成的；美国的红石导弹也是在德国“V—2”火箭的基础上仿制的，大约用了 7～8 年的时间。而我国依靠自己的力量，只用了两年多的时间，就走完了这一段路程。“东风一号”导弹的成功，是我国武器装备和航天发展史上的一个重要里程碑。它向全世界证明，曾经发明了古代火箭的中国，从此结束了没有导弹武器的历史。

知识链接

P—2 导弹是一种近程地对地弹道导弹，推进剂为液氧和酒精。它全长 17.7 米，最大直径 1.65 米，起飞质量 20.5 吨，射程 590 千米。全弹由头部、稳定裙、酒精储箱、液氧储箱、中段壳体、仪器舱、尾段和发动机等几大部分组成，尾部装有 4 个梯形尾翼。

神州第一星

在世界上第一颗人造卫星上天飞行 14 年之后，我国第一颗卫星“东方红一号”成功发射升空，它标志着中国在太空占有了一席之地。

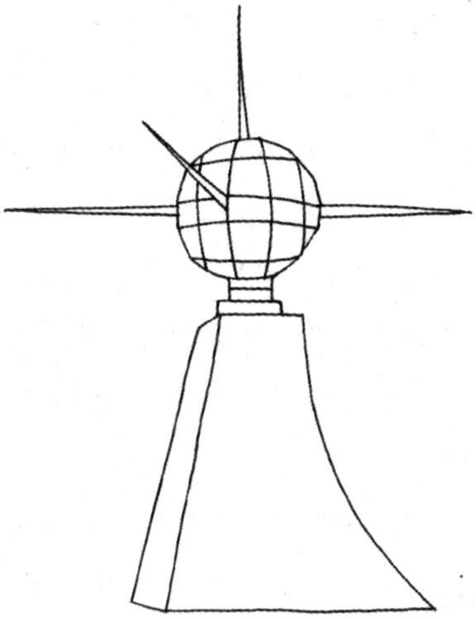

1956 年，中国把开发火箭技术纳入国家十二年科学发展规划。1957 年，著名科学家钱学森等积极倡议开展人造卫星的研究工作。1958 年毛泽东同志发出“我们也要搞人造卫星”的号召。根据这一战略考虑，中国科学院把研制发射人造卫星列为重点任务，揭开了中国向太空进军的序幕。

1968 年 2 月，中国空间技术研究院宣告成立，钱学森担任院长，领导实施人造卫星研制计划。他在“文化大革命”极端困难的情况下，主张把分散在各个部门的卫星技术研究机构集中起来，大力协同，群策群力，集智攻关，解决了许多技术难题。经过 4 年多时间的研制，1970 年初完成了卫星的总装测试和空间环境试验。为了使人们能在地球上用肉眼看见卫星，设计师采取在卫星与运载火箭分离入轨后，末级火箭也随着卫星在太空运行，并在末级火箭上加上“观测裙”，以提高卫星的亮度；为了让人们能用收音机收到卫星传回的声音，设计师在卫星上装上有《东方红》乐音发生器的转播系统。

1970 年 4 月 1 日，装载着“东方红一号”和“长征一号”运载火箭的专门列车到达中国西北酒泉卫星发射中心。4 月份的西北戈壁滩上，白天也要穿棉衣，到夜间，裹着皮大衣也感到寒冷。在离地面 30 多米高的龙门塔工作平台上，科技人员不分白天黑夜，排除一切故障，一次次地测试。

1970 年 4 月 24 日 3 时 50 分，周恩来总理电话告知当时的国防科委副主任罗舜初：毛泽东主席已经批准这次发射，希望大家鼓足干劲，仔细地做工作，要一次成功，为祖国争光。21 时 35 分，卫星发射时刻终于到来了。173 千克重的“东方红一号”随“长征一号”运载火箭在发动机的轰鸣中离开了发射台。21 时 48 分，星箭分离，卫星入轨。21 时 50 分，国家广播事业局报告，收到中国第一颗卫星播送的“东方红”乐音，声音清晰洪亮。

1970 年 4 月 25 日 18 时，新华社授权向全世界宣布：1970 年 4 月 24 日，中国成功地发射了第一颗人造卫星，卫星运行轨道的近地点高度 439 千米，远地点高度 2 384 千米，绕地球一圈 114 分钟，用 20.009 兆周的频率播送“东方红”乐曲。

“东方红一号”卫星升空后，卫星上各种仪器实际工作的时间远远超过了设计要求，“东方红”乐音装置和短波发射机连续工作了 28 天，取得了大量工程遥测参数，为后来卫星设计和研制工作提供了宝贵的依据和经验。

“东方红一号”卫星的发射成功使中国成为世界上继苏联、美国、法国和日本之后第五个完全依靠自己的力量成功发射人造卫星的国家。从此，中国正式加入了“太空俱乐部”。

知识链接

通过研制“东方红一号”卫星，我国建立起了一个比较完善和健全的航天科学技术研究、设计、试验、制造及质量保障和管理体系，锻炼、造就了一支老中青相结合的航天技术队伍。历史会记住钱学森、赵九章、郭永怀、钱骥、陈芳允、杨嘉墀、王大珩、王希季、任新民、孙家栋等“两弹一星”元勋对中国第一颗人造卫星做出的杰出贡献。

卫星的“回家路”

通信、导航、气象等卫星在发射入轨之后，便会自始至终飞行在太空中，但侦察卫星、科学实验卫星就不一样了，它们需要将获得的情报、携带的实验品送回到地面。要想让已经飞上太空的卫星“回家”，就需要掌握一种比卫星发射更为复杂的技术——卫星回收技术。

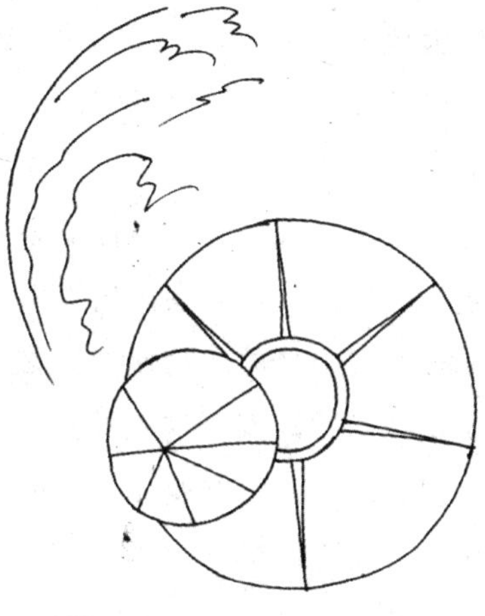

回收卫星需要解决四大技术难题。第一，卫星返回之前先要调整飞行状态，即脱离原来的运行轨道。卫星脱离原有轨道的速度叫作再入速度。再入速度与地平线所形成的俯角称为“再入角”。卫星重返地球对再入角的要求十分严格，一般在3°～5°。如果太大，卫星将会陡直地进入大气层，引起较大的空气阻力和摩擦加热；如果太小，则卫星将仍在原轨道上运行，再入速度与再入角都靠一支小型助推火箭来控制。火箭的点火时间、推力方向、推力大小与时间长短都会影响到再入速度和再入角的准确度。这就要求有灵敏而可靠的火箭制动发动机。第二，卫星在降落过程中，会摩擦生热。尤其是当它降到离地面60～70千米时，与大气层摩擦产生大量的热能，使其表面发生燃烧。为此，必须采用适当的防热设施，来保证回收舱在再入大气层时能够维持内部的正常温度。这就需要有特殊的耐高温材料。第三，卫星返回地面需要很长的运行区间，必须不间断地对卫星进行精确测量和全程跟踪，并根据实测轨道参数对卫星的程序控制数据进行必要的控制和管理，为此就要建立更大范围、更多功能的地面测控网；第四，卫星降落到离地面10～20千米时，尽管速度已经大大减小，但仍然达到200米/秒左右。如果以这样的速度撞击地面，卫星必然粉身碎骨。因此，必须使用减速伞来再次降低速度。通常先要打开一顶较小的副伞，初步减速；当卫星降落到离地面只有 5 千米的高度时，再打开主伞，使卫星速度小于 10 米/秒。降落伞的打开必须非常准时，否则卫星就不能够安全着陆。

早在 20 世纪 50 年代末，美国和苏联在突破卫星发射技术后，就开始探索卫星返回技术。中国返回式卫星的研制工作是从 1966 年开始的。在攻克了卫星姿态控制技术、卫星再入防热技术和卫星回收技术等一道道难关后，1975 年 11 月 26 日，中国第一颗返回式卫星终于由长征 2 号运载火箭发射成功。它在轨道上运行了 3 天，11 月 29 日按预定时间返回了中国大地。一年之后，1976 年 12 月 7 日，中国第二颗返回式卫星升空，当它绕地球飞行到第 47 圈时，地面遥控站发出姿态调整指令，返回舱和仪器舱顺利解锁分离，制动火箭点火，返回舱按预定轨道踏上返回地面的旅途。再入大气层后，控制器依次发出弹射引导罩、减速伞分离、打开主伞等信号，最后在四川境内预定落区回收。

返回式卫星的成功使中国成为继美、苏之后世界上第 3 个掌握返回式卫星技术的国家。这项技术在当时可以说是一道世界难题，就是在今天掌握它的国家也寥寥无几。为此，美国曾耗费了 12 颗卫星失败的高昂代价，苏联也同样支付了 13 颗卫星的学费，而中国则少得多。

知识链接

我国已成功发射并回收了 20 多颗返回式卫星，在资源调查、地图测绘、地质调查、铁路选线和考古研究等方面获得了丰富的资料。同时，这些返回式卫星还为国内外用户进行了 100 多项微重力和空间环境条件下的材料、生命科学实验以及农作物种子搭载等试验，均取得了可喜成果。

太空育种

航天育种是将植物种子或枝芽搭载于返回式航天器，利用太空微重加重离子、多种宇宙射线、大交变磁场和短期过载等因素，使种子基因发生突变，获得高品质的新品种，从而显著提高农作物产量、品质和档次。目前，世界上只有美国、俄罗斯、中国三个国家拥有返回式卫星技术。在太空育种方面，我国走在了世界前沿。

利用太空环境研究植物生长发育和遗传变异的工作始于20世纪60年代。我国从1987年8月5日发射的第9颗返回式卫星首次搭载的青椒、小麦、水稻等一批种子，开始了我国在太空育种领域的有益尝试。至今，已成功进行了10余次太空育种试验。前后共有70多种植物1 000多个品种的植物种子上过太空。

通过太空育种，培育出了一批新的突变类型和具有优良性状的新品种。太空水稻出现了大穗、大粒、优质、高产的新品系，如经太空诱变育种培育出的航育1号水稻新品种株高降低14厘米，生长期缩短了13天，增产5％～10％；再如华航一号水稻新品种穗大、粒多、结实率高，可增产10％，亩产达500千克以上；太空小麦培育出矮秆、早熟、抗倒伏、抗病害、蛋白质含量高的丰产类型；太空青椒枝叶粗壮，果大肉厚，免疫力强。单果重350～600克，单季亩产3 500～4 000千克，最高可达5 000千克，比普通青椒增产20％～30％；太空黄瓜，藤壮瓜多，瓜体奇大，单果重850～1 100克，抗病力强。特别是雌花开得多，是地面瓜秧的1.5倍。虽然它的皮厚了点儿，但瓜肉非常清凉爽口、汁多肉嫩；太空番茄长势尤为喜人，株高茎粗，果穗增多，比常规番茄增产15％以上，最高可增产23.3％；“太空樱桃番茄”，含糖量高达13％，与柑橘含糖量相当，口感鲜甜，可当水果食用；太空西瓜的显著特点是含糖量达13％以上，可溶性固形物增多，纤维少，个头大，吃起来沙甜可口。太空玉米能结出6～7个“棒子”，可长出5种颜色，而且味道也比普通玉米好。

地面上普通的青椒、番茄、黄瓜，上天转一遭回来，就摇身一变换了模样。很多人都有些不放心，这些东西能吃吗？

专家普遍认为，太空育种并没有将外源基因导入作物中使之产生变异。作为诱变育种技术，太空育种可使作物本身的染色体产生缺失、重复、易位、倒置等基因突变。这种变异和自然界植物的自然变异一样，只是时间和频率有所改变。太空育种本质上只是加速了生物界需要几百年甚至上千年才能产生的自然变异。太空中宇宙射线的辐射较强，这是植物发生基因变异的重要条件之一。目前，人工辐射育种中的辐射剂量只是国际食品安全辐射量的几十分之一，而太空中的辐射剂量还不到辐射育种辐射剂量的百分之一。宇宙射线引起的基因变异经常会让人想到转基因食品。转基因作物是将外源基因导入植物体内而培育出的新品种，如转基因大豆是将非大豆植物甚至动物、微生物的基因导入而产生的变异。而太空育种则是让作物的种子自身发生变异，没有外源基因的导入。我国颁布的有关转基因安全管理规定中特别排除了对自身通过突变产生的新物种的管理，这也说明太空育种是非常安全的，不用担心其产品的安全性。

太空育种这一选育良种的新手段，具有不可低估的经济效益和社会效益，具有十分广阔的市场。太空种子必将播撒广袤的大地，生产出更多更好的太空食品，给人类带来无限的福音！

知识链接

正常的农业育种一般需要8年，太空育种可以缩短一半的时间。太空种子在回到地面后要进行第1次试种，然后对每1株进行检测。选择有良好变异的单株进行第2代种植，把性状不好的全部淘汰掉，把好的突变体后代再进行第3代种植。第3代种植后，把最好性状的种子搜集起来种植第4代，以获得稳定的新品种。

高空“谍报员”

20 世纪 50 年代，美苏之间的关系日趋恶化，冷战大幕徐徐拉起，两个超级大国的竞争是全方位的，其中包括太空。因为人造卫星一旦飞腾升天就可以肆无忌惮地飞越对方上空进行高空侦察，获取战略情报。美国之所以在 20 世纪 60 年代非常清楚其对手——苏联——的情况，靠的就是卫星，它成了名副其实的太空“谍报员”。

1960 年 8 月的一天，美国总统艾森豪威尔在例行的记者招待会上自豪地宣布：美国成功回收了一面由“发现者 13 号”卫星带往太空飞行后返回的美国国旗，这是人类首次将一个物体送入太空并安全地返回地面。载有这面国旗的卫星返回地面时，落在夏威夷西北的太平洋海面。一架美国海军的直升机将国旗取出，送到在附近海面守候的船上。艾森豪威尔在记者招待会上展示了这面国旗，并告诉在场的记者，发射“发现者”卫星进入太空，是美国对太空环境进行探测的一项科学研究项目。

所谓“发现者 13 号”进行太空环境探测，只不过是艾森豪威尔为掩盖此次太空行动所编造的一个谎言。其实“发现者”进行的根本不是什么科学项目，而是一项绝密的间谍卫星计划，它的真名为“日冕”。该计划是由美国中央情报局和空军在严格保密的情况下执行的，“日冕”卫星其实是世界上第一颗间谍卫星，其任务是拍摄并送回关于苏联的照片。

“日冕”是世界上第一颗返回式卫星，它于 1959 年 2 月 28 日完成了首次成功发射，被送入了远地点 970 千米、近地点 160 千米的轨道。当时，美国经常派飞机沿着苏联边境侦察，有时甚至冒险越过边境，以探测苏联防空雷达的能力或截获无线电通信情报。但是航空侦察毕竟受限，无法深入苏联的广阔腹地。“日冕”卫星研制成功以后，为窥测苏联的秘密立下了汗马功劳。它自第 14 颗卫星开始回收照片，到 1972 年计划结束为止，共执行了 145 次任务，其中成功 102 次，共拍摄了长达 64 万米的胶片，共计 80 多万张照片，这其中甚至包括苏联全部的导弹设施影像。

苏联虽然首先发射了世界上第一艘载人宇宙飞船，揭开了载人航天技术发展的序幕，但是在间谍卫星研制方面还落后于美国。1959 年美国的间谍卫星升空后，苏联便大大加快了研制间谍卫星的步伐。1962 年 3 月 16 日，苏联第一颗间谍卫星“宇宙 1 号”飞上了蓝天，在短短的 9 个月内，苏联一口气发射了总共 12 颗照相侦察间谍卫星，着实使美国谍报部门大吃一惊。截至 1982 年底，美国和苏联分别发射了 373 颗和 796 颗专职间谍卫星，总数达 1 169 颗，这 1 000 余名“超级间谍”在几百千米高的太空中，日日夜夜监视着地球的每一个角落。

间谍卫星也叫侦察卫星，它具有侦察范围广、飞行速度快、遇到的挑衅性攻击较少等优点，苏美两国都对它格外钟情，把它当作“超级间谍”来使用。1973 年 10 月中东战争期间，美、苏竞相发射卫星来侦察战况。美国间谍卫星“大鸟”拍摄了埃及二、三军团的接合部没有军队设防的照片，并将此情报迅速通报给以色列，以军装甲部队便偷渡过苏伊士运河，一下子切断了埃军的后勤补给线，转劣势为优势。在此同时，苏联官员也带着苏联间谍卫星拍摄下来的照片，匆匆飞往开罗，劝说埃军停火。1982 年英、阿马岛之战期间，苏、美频繁地发射间谍卫星，对南大西洋海面的战局进行密切的监视，并分别向英国和阿根廷两国提供敌方军事情况的卫星照片。可以说，间谍卫星的数量和发射次数，已经成了国际政治、军事等领域内斗争的“晴雨表”了。

知识链接

全世界已经发射升空的 3 000 多颗卫星中约有 70%是军用卫星，它们除了完成一般意义上的军事通信、导航、气象等任务之外，大多在干着间谍工作，如照相侦察、电子侦察、海洋监视、导弹预警、核爆炸探测等。

中国人的太空“长征”

1971年4月24日，我国第一颗卫星“东方红一号”飞上太空，把它送入轨道的是我国长征系列运载火箭的“老大哥”——“长征一号”。在此后的几十年时间里，长征系列运载火箭迅速发展，走过了从常规推进到低温推进、从串联到捆绑、从一箭单星到一箭多星、从发射卫星载荷到发射飞船的技术历程。可以说，长征运载火箭的的研制和迅速发展，为中国进入太空开始新的“长征”打开了大门！

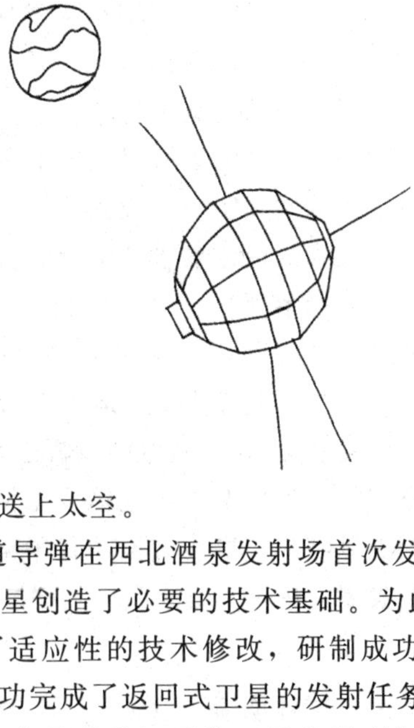

我国的运载火箭是在导弹武器的基础上，根据不同卫星发射任务的需要逐步发展起来的。1970年1月30日，我国第一枚中远程导弹飞行试验取得圆满成功。为了配合第一颗人造卫星的研制，决定利用这种导弹的第一、二级加以改装，再加上新研制的第三级固体燃料火箭，构成我国的第一种运载火箭——“长征一号”。1970年4月24日，“长征一号”成功地将我国的第一颗卫星“东方红一号”送上太空。

1971年9月，我国第一枚洲际弹道导弹在西北酒泉发射场首次发射获得成功后，为发射重型返回式遥感卫星创造了必要的技术基础。为此，我国的航天专家对洲际弹道火箭进行了适应性的技术修改，研制成功了“长征二号”运载火箭。它于1975年成功完成了返回式卫星的发射任务。

随着我国通信和广播事业的发展，为了满足把通信卫星发送到与地球同步的地球静止轨道的要求，我国的火箭设计师们又把精力倾注到新型的“长征3号”运载火箭上来，突破了许多技术关键，其中最主要的是解决了第三级采用低温高能的液氢液氧发动机和在高空失重条件下发动机二次启动技术的问题。我国成为继美国、欧洲空间局之后第三个拥有氢氧发动机的国家。液氢液氧推进剂具有高能、低温的特点，液氢的沸点低达－253℃，这给材料、工艺、计量、测试等都带来极大困难。仅为解决低温给材料工艺带来的影响，就进行了29项249次试验。发动机二次启动技术目前世界上只有美国和我国掌握。我国是在纬度较高的地区发射地球同步卫星，因此需要在运载火箭到达高真空失重状态下第二次启动第三级火箭发动机，才能把卫星推上 36 000 千米赤道上空的空间轨道。这两项高难技术的突破，表明我国的运载火箭技术跨入了世界先进行列。

在“长征三号”研制成功后，我国又着手研制“长征四号”。在攻克了一系列技术难关之后，1988 年 9 月 7 日和 1990 年 9 月 3 日，“长征四号”两次发射我国太阳同步轨道“风云一号”气象卫星均获圆满成功。“长征四号”全长 41.9 米，最大直径 3.35 米，起飞质量 249 吨，起飞推力 300 吨，具有性能优良、结构可靠、成本低廉等特点，由于它配有两种不同直径的卫星整流罩，既可适应不同尺寸的有效载荷的发射需要，也可一箭多星发射，特别是为发射太阳同步轨道卫星和极轨卫星创造了有利条件，从而使我国继“长征三号”之后，又增添了一种具有发射多轨道卫星能力的运载工具。

目前，我国的火箭最大运载能力只有 10 吨，不仅无法将体积更大、重量更重的空间实验室发射升空，也满足不了空间实验室在运行期间所需大量物资的运输要求。为此，我国的航天工作者们正在研制新一代重型运载火箭系列——“长征五号”，这是一种无毒无污染的高性能火箭，它有 4 个助推器，身高 59.5 米，起飞重量为 643 吨，起飞推力为 833.8 吨。在“长征五号”重型运载火箭问世后，我国将具备 25 吨的近地轨道运载能力和 12 吨的地球同步轨道运载能力，可发射 20 吨级长期有人照料的空间站、大型太空望远镜、返回式月球探测器、深空探测器和超重型应用卫星，这必将大大推动我国空间应用产业、载人航天技术和天文科学的发展，进一步提高我国在国际航天发射市场上的竞争能力。

学科展望

2009 年，我国“长征”火箭家族新成员——“长征六号”运载火箭——的研制工作也已正式启动。这是一种无毒无污染的新一代运载火箭，有许多新技术是在中国国内首次使用，研制难度很大，预计“长征六号”首发火箭将于 2013 年出厂。

航 天 人 物

火箭第一人——万户

通过天文望远镜观测月球，可以看到月球表面上分布着许多大大小小的环形山。大多数环形山都是以地球上著名的科学家的名字命名的。如哥白尼环形山、第谷环形山、牛顿环形山等。在月球背面，有以我国古代著名科学家的名字命名的环形山，万户环形山就是其中之一，它是以我国明朝时期向太空挑战的英雄——万户——的名字命名的。

万户是明朝人，生活在 14 世纪末期。万户原来是一名木匠，喜好工艺技术，善制交通器具。后弃艺从戎，在军中参与改进刀、枪、车、船等各种作战用具。万户手艺精湛，希望制造一种飞龙，能够日行万里，山河无阻，甚至能腾空飞行。

这时军中已广泛使用火箭武器。“火箭”最初的含义是带“火”的箭，早在三国时期就有了这一名称。当时的兵家在箭杆前部绑上易燃物，点燃后用弓弩射出去进行火攻。到了唐代，由于炼丹术的兴起，孙思邈发明了用木炭、硝石和硫黄制成的火药，于是兵家在作战中又将绑在箭杆上的易燃物换成了火药。由于这个时期的火箭还是用弓弩弹射的，而不是靠自身喷气推进的，因而与现代火箭只是名称上相同，其飞行原理毫无共同之处。

南宋时期，民间用火药制作了各式爆竹和花炮。有利用火药一次爆炸产生的反作用力升到空中，然后再引爆另一部分火药炸出响声的“二踢脚”；也有利用自身的喷气反作用力向前推进的烟火“地老鼠”；还有一种在头部绑着火药筒、尾部装上羽毛，点燃后用喷气推动飞行的“起花”。后来这些原本用作节日庆典等娱乐活动的物品发展成了打仗用的武器。这种火箭是将一截前端封闭的火药筒绑在箭杆上，利用火药点燃后产生向后喷射的燃气，推动箭杆向前飞行。

10 世纪中叶，宋朝大将冯继升、岳义方发明了一种用作兵器的火箭，并试验成功；11 世纪的唐福、石普先后把自己制造的火箭献给朝廷，并组织了射击表演。宋军在与金兵、元兵的作战中，广泛使用了一种叫“霹雳炮”的火箭。到 16 世纪，明代名将戚继光在抗倭战争中曾使用一种重 2 斤[①]、射程 300～600 尺[②]的火箭，显示了较强的威力，使倭寇闻之丧胆。明朝制造的火箭，最著名的有“神火飞鸦”“火龙出水”“飞空砂筒”“一窝蜂”等。“神火飞鸦”箭筒像一只大鸦，呈纺锤形，腹内装火药。每个翅膀下斜插两支火箭。鸦背上钻一小孔，安装火药线并与翅下火箭相连。点燃火药线后，两支火箭同时燃烧，能把大鸦发射到百余丈远的地方。“火龙出水”是用一根长筒，装上木制龙头龙尾，龙身两侧前后各安装两支火箭，用同一根火药线连在一起，龙腹内装有一组火箭。先点燃筒外的火箭，推动筒身向前飞行；火药燃尽后引燃筒内火箭，并从龙口射出飞向目标。它是一种两级火箭的雏形。“飞空砂筒”是在箭杆上绑两支方向相反的火箭，发射时先点燃向前的火箭，飞向目标后炸药砂筒落地爆炸，然后引燃向后的火箭返回原处。这是一种可回收的两级火箭。“一窝蜂”是一个箭筒内插上多至 32 支火箭，同时点火射出，众矢齐发不仅可加大杀伤威力，还可增大射程。这是一种最早的集束式火箭。这些火箭具有现代火箭的特征，在飞行原理、结构等方面几乎没有什么不同，只是构造简单一些罢了。

万户和军营中的工匠们从这些火箭中，特别是吸取了“神火飞鸦”和“火龙出水”的技巧，设计制造成一种会飞的“飞龙”火箭。这种前后两端分别是木质雕刻的龙头龙尾，它们下面各装两个火箭筒，龙肚子里装有火药，用引信点燃后，可飞行约 500 米。谁来乘龙试飞呢？万户

---

① 1 斤＝500 克。

② 1 尺＝1/3 米。

挺身而出，表示“不入虎穴，焉得虎子”，愿意亲自进行一次飞行实践。这一天，在一座山坡上，聚集着观看飞行的人们。军中工匠们将一把椅子安放在一个木制构架上，构架四周绑上 47 支火箭，万户坐在椅子上，两只手各握着一只大风筝。他打算等火箭升空后利用这两只大风筝带着自己在空中飞行。等一切都准备就绪后，他命令工匠点燃火箭，随着一支支火箭发出的轰响声，喷出一股股火焰，“飞龙”拔地升起，冲入半空……突然，火光消失，“飞龙”下坠，栽到山脚下，万户不幸牺牲了。1945 年，美国火箭学家赫伯特·基姆在他出版的《火箭和喷气发动机》中记载了这个故事。

万户是世界上第一个利用火箭向太空搏击的英雄。他的努力虽然失败了，但他借助火箭推力升空的设想，比现代宇航之父齐奥尔科夫斯基在 1903 年提出的利用火箭进行星际旅行的设想早了几百年。万户被世界公认为“真正的航天始祖”。

智慧人生

首创精神是人类活动最有力的前进力量。虽然万户的做法现在看来很可笑，然而在那个时代却是富有创造性的，他的基本方法受到人们的肯定和敬仰，而他那勇于探索、不怕困难的精神则传承不息，永远激励着后一辈的航天人。

牛顿与大炮

1590 年，意大利天文学家、近代物理学的鼻祖伽利略发现了自由落体定律。十几年后，德国天文学家开普勒经过辛勤的整理和计算，归纳出了行星绕太阳运行的三条基本规律，后被称为开普勒三定律。后来，英国大科学家牛顿综合了前辈们的天文学、物理学和力学成就，通过严密的数学推导，把地面上物体运动的规律和天体运动的规律统一了起来，论证出了万有引力定律。

万有引力定律使人们认识到：由于人与地球的质量相差太悬殊，因而人总是被地球巨大的引力所束缚而不能离开地面。接着，牛顿在 1687 年完成的《自然哲学的数学原理》一书中指出：如果一个抛物体不受地球引力的作用，就会沿着一个方向向太空深处漂游，浪迹天涯，永远不会回到地球。为此牛顿曾设想制造一座高射大炮，架在高山之上，炮弹平射出去，在获得足够大的速度之后，距地面越来越远，而受到的地球引力也就越来越小，以至能飞到足够远的地方环绕地球飞行而不致掉下来；如果速度再大，甚至会飞离地球轨道而进入宇宙空间漫游。但牛顿设想的高射大炮并没有制造出来，后来的一系列发现也证明这种高射大炮不可能被造出来。

随着人类向宇宙深处探索的延伸，现在问题已经明朗了，要离开地面，就要克服地球引力。如何才能克服地球引力呢？克服引力究竟需要多大的能量？飞行器在突破引力束缚时所需要的最低速度是多少？

根据牛顿提出的理论，人们很快找到了答案。经计算，如果一个物体达到 7.9 千米/秒的速度，就能使地球对它的吸引力，即物体的向心力与它的离心力保持平衡，物体便可不再坠落到地面，而是环绕地球运行，并与到地面的距离始终保持不变，这个物体就成为地球的一个卫星，环绕地球飞行。这个速度被叫做“第一宇宙速度”，或称“环绕速度”。人类要实现航天的愿望，首先要突破“第一宇宙速度”，这是摆脱地球束缚的第一步。如果按照牛顿的设想，要使炮弹达到 7.9 千米/秒的速度，炮身需要 1 千米长，很显然这是无法办到的事情。

如果物体运行的速度再提高，那么它离地球中心的距离就会越来越远，同时飞行速度逐渐减小，飞行轨道变成一个椭圆形。并随着速度的增加，飞行曲线越来越平滑。当速度大到 11.2 千米/秒时，则椭圆形的曲线就会裂口，地球引力就再也不能对这个物体起作用了。于是，它就会飞离地球，成为太阳系中的一颗行星。这个速度被叫做“第二宇宙速度”，或称“逃逸速度”或“脱离速度”。

当这个物体的速度再增加到 16.7 千米/秒时，太阳的引力就会显得无能为力，对它也管束不了，只好让其飞出太阳系，到更加广阔的宇宙空间任意遨游了。这个速度被称为“第三宇宙速度”，目前只有火箭才能突破该宇宙速度。

地球上发射的物体达到什么速度才可以摆脱银河系引力的束缚，飞出银河系呢？由于人们尚未确切知道银河系的准确大小与质量，因此只能粗略估算，这个速度需要达到 110～120 千米/秒，目前还没有航天器能够达到这个速度。

智慧人生

牛顿大炮所昭示的万有引力原理以及三个宇宙速度，奠定了后来发射人造地球卫星和各种宇宙飞行器的科学基础。20 世纪 50 年代，人类终于跨出了摆脱地球束缚的第一步，进入了一个陌生而诱人的太空世界。

滑翔飞行家奥托·李林塔尔

在滑行飞行的实践上，最有名的探索者是奥托·李林塔尔，他是最早设计和制造出实用的滑翔机的，人称“滑翔机之父”。

李林塔尔出生在德国的一个贫困家庭。他从小就对飞行有着浓厚的兴趣。14 岁那年，他和弟弟还模仿鸟儿飞翔，他们用环扣把自己做的翅膀扣在胳膊上，从很高的地方跳下来，最后的结果当然是以失败告终。由于家里穷，李林塔尔没能上大学，从工艺学校毕业后，他到一家工厂当工人。不久，心灵手巧的李林塔尔就调到了厂里的设计室工作，两年后，他获得了一笔微薄的助学金，有了这笔钱，他有了到柏林工艺学院学习的机会。他又做起了飞行梦，用一种叫“阀舌”的机械装置来模仿鸟的翅膀。在他看来，人不能飞起来，是因为没有翅膀，只要有能让人飞起来的翅膀，人就能像鸟儿一样飞翔。李林塔尔当时不知道，哪怕把鸟儿的翅膀安在人的身上，人也是飞不起来的。因为人不像鸟儿那样，具备飞行的素质。人的体力有限，不可能像鸟儿那样不停地运动。人的外形和体重根本不可能在空中飞翔。鸟儿为了飞翔，骨头构造也是很特别的——都是空心的。因此，李林塔尔把“阀舌”安在自己的身上，再次进行飞行试验，结果还是以失败告终。

李林塔尔终于认识到，人是不可能像鸟儿那样飞翔的，但可以借助其他物体飞上蓝天。明白了这一点后，李林塔尔开始进行滑翔机的研究和试验。那时候的李林塔尔已经是一名机械工程师了。他建了一个机器工厂，用机器工厂创造的财富为他提供进行飞行试验所需要的资金。

1891 年，李林塔尔终于制造出第一架能实际滑翔的滑翔机，它的外表颇像一只伸展双翼的大鸟，尾部也与鸟尾大同小异，高高翘起。它是用棉布、竹片和藤条制成的。其显著的特点是两副翼面为弓形，是现代伞翼滑翔机的名副其实的鼻祖。李林塔尔驾着这只“大鸟”成功地进行了滑翔飞行。在此后的几年时间里，李林塔尔又先后制造出了 18 种不同的滑翔机，其中有12种是单翼机，6种是双翼或多翼机。他的滑翔机除了机翼面积的大小和布局不同外，机翼形状几乎是一样的，很像天空中飞行的大鸟的翅膀。为了更好地开展试验，他在柏林附近修建了一个试验场。1894年，李林塔尔从一处悬崖上起飞，成功地滑翔了350米，这在当时是一个惊人的成就。他仔细地将自己的成就记录下来，使之成为航空史上最早的飞机性能记录之一。

李林塔尔并不满足已有的成绩，他觉得自己对滑翔机的操纵控制还不是那么熟练，还没有达到随心所欲的地步。他不厌其烦地继续做滑翔试验。1891—1896年，他的飞行试验次数多达2 000次。随后几年，李林塔尔制作的滑翔机飞得越来越好，最远一次达到1 000米。李林塔尔的大名一传十，十传百，有关他的新闻不胫而走，传遍全球，人们授予他“蝙蝠侠”的美称。

1896年4月9日，李林塔尔操纵他的滑翔机从德国斯图伦附近的山坡上起飞了，凭借一股有力的风势，他一下子腾到高空。李林塔尔非常兴奋，却全然不知由于上升迎角太大，滑翔机已达到了失速的边缘。正当他试图尝试一种新的控制方法时，这个“双翼蝙蝠”突然头向下，一直栽向地面。滑翔机摔毁了，李林塔尔也受了重伤——脊椎骨折。人们急忙将他送往医院。在赶往医院抢救的途中，弥留之际的李林塔尔对他的弟弟古斯塔夫说出了最后一句话：“总要有人牺牲的……”

实用飞行史上，在莱特兄弟之前，李林塔尔的名字是最伟大的。他的大量飞行实践和研究为后来的飞机研究者提供了宝贵的经验，直接帮助了飞机的发明人莱特兄弟的成功。德国为了纪念李林塔尔的功绩，为他树立了一座纪念碑，上面写着“最伟大的老师”。

智慧人生

李林塔尔从14岁开始便矢志飞行，为其整整奋斗了34年。他的著作，尤其是滑翔飞行试验方面的经验，使后人受益匪浅。他勇敢顽强、坚忍不拔、不畏牺牲的精神永远激励着千千万万的后人。

飞机创造者莱特兄弟

像鸟儿一样在天空飞翔，自古以来就是人类的梦想。为了它的实现，人们付出了坚持不懈的努力，许多先驱者甚至付出了生命的代价。终于在1903年12月17日，世界上第一架载人动力飞机在美国北卡罗来纳州的基地霍克飞上了蓝天。这架飞机被叫做“飞行者－1号”，它的发明者就是美国的威尔伯·莱特和奥维尔·莱特。他们的飞行表演拉开了世界飞机飞行的序幕，因此，他们当之无愧地被世人公认为“飞机之父”。

莱特兄弟出生于美国俄亥俄州的一个工人家庭，由于家境贫寒，兄弟俩只读到中学就不得不辍学来挣钱养家。他们靠修理自行车为生。然而，两人的志向并不是做安安稳稳的修车匠，而是要成为勇于探索的机械设计师。两人在工作之余，把目光从陆地上的交通工具转移到天空，研究人类对飞行器的设计和飞行的各种经验。几年工夫，他们成为远近闻名的航空问题专家。

莱特兄弟早期进行了大量的滑翔机设计和飞行，体会过无数次失败的苦涩，也品尝到了成功的甘甜。在熟练地掌握了滑翔机的设计和操作后，两人又思索，能不能不用风力，而用自身的动力使滑翔机飞起来呢？什么样的动力能够让笨重的滑翔机飞上蓝天呢？

一天，一辆汽车停在了兄弟俩的车行门前，司机向他们借一件工具。眼前的汽车激发了两人的灵感，驱动汽车的发动机不就是最好的动力来源吗！莱特兄弟马上计算了滑翔机能够承载的最大重量，结果是，装在滑翔机上的发动机不能超过90千克。而当时最轻的发动机也有190千克，显然不能用在飞行器上。但在勇敢的探索者的头脑中，是没有“不能”两个字的。工厂不能制造符合规格的机器，莱特兄弟就请一位制造发动机的工程师设计一台。这位工程师没有辜负两人的期望，拿出了一部12马力、重量只有70千克的汽油发动机。兄弟两人非常高兴，立刻将发动机安装到了滑翔机上。为了带动飞行器前行，两人还设计出了螺旋桨。此时的飞行器已经不能叫“滑翔”机了，我们应该叫它飞机才对。兄弟俩进行了多次试飞，然而不是由于驾驶技术欠佳，就是发动机出了故障，或者螺旋桨出了毛病，几次试飞均以失败而告终。

就在莱特兄弟加班加点地试飞时，传来了兰利制作的飞机试飞失败的糟糕消息。美国人开始谴责类似的实验，认为将纳税人的钱投入到这种虚无缥缈的空想中，是一种浪费行为。人们对飞机能够飞上蓝天充满了不信任。虽然自己的努力难以得到人们的认可，但莱特兄弟并不气馁，而是来到兰利飞机失事的地点，仔细考察了那架飞机的设计，从中获得有益的启示。他们认为，失败的飞行同样能够给人们提供前进的路标。为了不引起公众的注意，他们的研制工作尽量秘密地进行。

1903 年 12 月 17 日，激动人心的时刻终于到来了，莱特兄弟相信可以在公众面前安全地展示飞机的飞翔魅力，因此举行了一次公开的飞行。这天上午 10 点钟，天空乌云密布，寒风刺骨。被兄弟俩邀来观看飞行的农民冻得直打寒战，一再催促兄弟俩快点飞行。这次由奥维尔试飞，只见他爬上飞机，伏卧在驾驶位上。一会儿，发动机开始轰鸣，螺旋桨也开始转动。突然，飞机滑动起来，一下子升到 3 米多高，随即水平地向前飞去。“飞起来啦！飞起来啦！”几个农民高兴地欢呼起来，并且在飞机后面追赶着。飞机飞行了 30 米后，稳稳地着陆了。威尔伯冲上前去，激动地扑到刚从飞机里爬出来的弟弟身上，热泪盈眶地喊道：“我们成功了！我们成功了！”这是人类历史上第一次驾驶飞机飞行成功，莱特兄弟把这个消息告诉报社，可报社不相信有这种事，拒不发布消息。莱特兄弟并不在乎。继续改进他们的飞机。不久，兄弟俩又制造出能乘坐两个人的飞机，并且，在空中飞了一个多小时。两人打算将它赠送给美国政府，没想到政府官员并不认为这是什么伟大的成就，居然拒绝了他们的好意。看来攻克机械技术容易，攻克人们头脑中的陈旧观念却很艰难。1908 年，两人受法国的邀请，带着自己的样机来到巴黎，在无数的观众面前，驾驶飞机自由自在地划过天空，在场的欧洲人被他们神奇的表演征服了，他们也因此在 1909 年获得美国国会荣誉奖。同年，他们创办了“莱特飞机公司”。

威尔伯·莱特于 1912 年 5 月 29 日逝世，年仅 45 岁。此后，奥维尔·莱特又奋斗了 30 年，使莱特飞机公司成为世界著名的飞机制造商，资金高达百亿美元。奥维尔·莱特于 1948 年 1 月 3 日逝世。莱特兄弟为现代航空工业的发展做出了杰出的贡献，实现了人们多年来的梦想。他们的名字将永远留在史册上为后人所敬仰。

智慧人生

自从莱特兄弟发明飞机以来，飞机以其他运输工具无法比拟的独特优势，越来越为人们青睐，在世界各国得到了迅速的发展。可以说，莱特兄弟的发明改变了人类的交通、经济、生产和日常生活。

中国飞行专家冯如

在莱特兄弟的带动下，世界各地涌现出一大批航空时代的弄潮者。在这些弄潮者中也有中国人，一位与莱特兄弟生活在同一个时代的中国留学生，在美利坚的大地上，完全依靠自己的聪明才智，设计、制造和驾驶了中国历史上的第一架飞机，他就是我国的航空先驱——冯如。

冯如1883年生于广东思平的一家农户，自小聪明好学，十几岁时随一位表亲到美国旧金山谋生。10年工夫，他有了较好的机械学和电学基础，并掌握了不少机械制造技术。正当冯如潜心研究和制造机械的同时，传来了日本帝国主义强占我国旅顺、大连和中东铁路的消息。冯如为祖国的不幸感到痛心，他发誓要用自己的一技之长报效祖国。起初，他想制造一艘军舰献给祖国，以加强中国的海防力量。当时，由于莱特兄弟发明了飞机，在国际上引起强烈的反响。各国纷纷研制飞机、飞艇、航空武器作为当时国防的先进装备。冯如想，制造一艘军舰，要耗费数百万的金钱，不如造数百架飞机，价廉省工，用处更大。

研制飞机，首先遇到的困难是缺乏资金。冯如变卖了自己所有的金银玉器，仍不能解决问题。于是，他到当地华侨中去募集资金，办起了中国人的第一家飞机制造公司。当时莱特兄弟的飞机刚刚起飞没有多久，为了保持垄断地位，他们把所有资料全部封锁起来。冯如他们只能靠自己掌握的空气动力学的知识，白手起家绘制设计图纸。为了了解当时各国研制飞机的情况以及吸取别人的长处，冯如把自己生活上节省下来的钱全部用来购买报纸和杂志。他起早贪黑，没日没夜地干着，攻克了一个又一个技术上的难关。经过半年的努力，第一架飞机终于制造出来了。看着自己研制的飞机，冯如兴奋得流下了眼泪。

1908年4月，冯如在奥克兰市的麦园进行试飞。他的朋友们为了安全起见，劝他换一个人试飞，冯如婉言谢绝了他们的好意。随着轰轰的马达声，飞机离开了地面。当升至数丈高的时候，一个倾斜，飞机突然坠落在地上。围观的群众呼唤着冯如的名字，向飞机跑去，万万没有料到，冯如若无其事地从残损的机翼下钻了出来。冯如一行人回到了公司，谁知此时他们的厂房已被一场大火化为灰烬，他们几个月来辛辛苦苦绘制的图纸资料被大火烧得干干净净。

冯如千辛万苦又一次募集到一点资金，重新购置了工具器材，在奥克兰的麦园支起了帐篷，又矢志不渝地研制起来。他和同伴们搜集了大量的资料，将它们汇集成册。经过周密的计算，重新设计了零件制作图，精心生产出机翼、方向舵、螺旋桨、内燃机等部件，经过组装，一架全新的飞机诞生了！1908 年 9 月 21 日，冯如在哥林达市再次驾机试飞。飞机在他的操控下，腾空而起，飞行了 2 600 多英尺（1 英尺＝0.304 8 米）后缓缓降落在草坪上，“成功了！我们成功了！”围观的朋友们欢呼起来，他们拥向飞机，把冯如高高举起。经测定，冯如的飞机首飞竟达 2 640 英尺，比莱特兄弟的首飞纪录还要远 1 788 英尺。

1910 年，冯如在美国又设计和制造了一种性能更好的飞机。这年 10 月，旧金山举办国际飞行比赛，冯如驾驶着他新设计的飞机参赛，以 700 多英尺的飞行高度和 65 英里的时速分别打破了一年前在法国举办的第一届国际飞行比赛的世界纪录，荣获优等奖，再一次使中国人的航空技术超过了西方。此时冯如已经成为举世公认的飞机设计师、制造家和飞行家。

冯如的名声越来越大，不惜重金聘用冯如的外国公司越来越多。为了争夺制空权，欧美各国都在积极发展航空事业，他们拼命地网罗航空方面的专业人才。冯如一心想的是发展中国的航空事业，想的是为中国多制造一些飞机，所以他断然回绝了各国的聘请，仍然寻找机会为祖国服务。当时的清政府也在着手筹建空军，他们托人到美国找到冯如，希望他回国做事。冯如喜出望外，当即表示同意。1911 年 2 月，冯如和他的助手携带着他们自制的两架飞机以及制造飞机的机器，踏上了归国的航程。

经过一个多月的航行，冯如一行人顺利抵达香港，清政府派了军舰专程迎接，将飞机和机器安置在广州郊外，冯如原准备在广州郊外为国民演示飞机驾驶，但因革命党人发动的黄花岗起义爆发，此计划未能实现。随着革命高潮的即将来临，清政府对冯如越来越不放心，他们不仅取消了飞行表演的计划，而且还派人监视冯如的行动。反动政府的昏庸和腐败，使冯如非常失望。正当冯如陷于极度苦闷之中的时候，辛亥革命爆发了。冯如毅然参加了革命军，投入到推翻清王朝、建立共和国的革命洪流中。革命军委任冯如为陆军飞机长，授权冯如准备组织飞行侦察队，配合北伐军对驻守北方的清王朝进行空袭。后来由于南北统一，飞行侦察队未能组织起来。孙中山就任南京政府临时大总统以后，非常重视发展中国的航空事业。他积极筹建南京机场，并在 1912 年 2 月举行了中国第一次航空飞行演习。在这次演习中，冯如等人驾驶的飞机由于中途发生了故障，飞行数丈后即降落，飞机也有所损坏。尽管这次演习未获得成功，但是它的政治作用达到了，各报相继报道了这一消息，并在全国引起了积极的反响，因为这毕竟是中国人第一次在自己的国土上使用自己的飞机进行的飞行演习。

1912 年 8 月 5 日，经民国临时政府批准，冯如在广州郊区进行了第二次飞行表演。那一天，广州城外的天气格外晴朗，机场的周围坐满了前来观看表演的群众。人群中，有人手捧鲜花，有人手持国旗，都在急切地盼望着那一时刻的到来。中午 11 点左右，冯如健步出现在观众面前。他头戴飞行帽，身穿飞行衣，显得格外精神。在一片欢呼声中，他简单地介绍了飞机的性能，然后登上了飞机，为观众做飞行表演。伴随着马达的轰鸣声，飞机升上了高空。冯如驾驶着自己制造的飞机在蓝天上悠悠飞翔。飞机像一只矫健的银燕，忽高忽低，忽左忽右；看台上欢声雷动，鼓乐齐鸣，共同为祖国航空事业的伟大壮举而欢呼。飞机的空中技巧表演结束后，冯如准备着陆。突然，他看见远远的跑道上有两个儿童在嬉闹，不幸的事件即将发生。就在这千钧一发的时刻，冯如猛拉操纵杆，脚踩加速器，飞机像一只发疯的雄鹰，猛然冲上天空，一场突如其来的灾难避免了。但是，由于冯如用力过猛，飞机失去了平衡，在抖动中，部分零件损坏，飞机突然坠落在草地上。周围的观众像潮水一般向着冯如涌来。当他们把冯如从飞机的残骸中救出来的时候，冯如的头部、胸部、腹部等都受了重伤。观众噙着泪水把冯如送到了医院，经抢救无效，冯如长眠在鲜花之中了。那一年，冯如只有 29 岁。冯如牺牲后，被追授为陆军少将，遗体安葬在黄花岗，并立碑纪念。临时大总统孙中山称他为“民国第一飞行家”。

智慧人生

冯如一生短暂，但却凭着自强不息、永不服输的精神在中国航空史上创下“九个第一”。他的故事告诉我们：只要艰苦奋斗，刻苦钻研，勇于创新，就会成为一名像冯如一样热爱祖国、为国争光、为中华民族争气的栋梁之材。

宇宙航行专家齐奥尔科夫斯基

1857 年 9 月 17 日，齐奥尔科夫斯基出生于俄国伊热夫斯科耶镇（今属梁赞州）一个美丽的村庄。这个家庭有 7 个孩子，齐奥尔科夫斯基是老五。齐奥尔科夫斯基的父亲以正直闻名，特别爱好建筑，曾经带领着几个孩子一起造过楼房和宫殿的模型，还总是不停地告诉几个儿子要多做体力活儿，要自立。他的母亲活泼、热情，同时也非常能干。

童年的齐奥尔科夫斯基活泼伶俐，爱读书，喜欢思考问题，尤其是爱不着边际地幻想。由于家里的条件不好，齐奥尔科夫斯基不能到学校读书，他受过的唯一正规的教育是在伊耶夫斯科的乡村上过一段时间的村办学校。但不幸的是，10 岁的时候，他因滑雪得了严重的感冒，导致猩红热，最终几乎完全失去了听觉，齐奥尔科夫斯基也因此成了邻近的儿童嘲笑的对象。虽然这个生理缺陷使齐奥尔科夫斯基与人们疏远了，但他却从此更加发奋读书。他在母亲的耐心指导下补习功课，读书写字。两年后母亲去世，他只好在家自学，靠着顽强的毅力，5 年学完了中学课程。在齐奥尔科夫斯基 16 岁的那年，父亲用积攒的钱送他到莫斯科去求学。他在莫斯科的三年多时间完全钻进图书馆里。家里每月给他寄来 15 卢布生活费、学习费，他只吃最简单的面包和蔬菜，把余下的钱都买了书和实验用品。由于长期营养不良，他的体质越来越弱了。1876 年，齐奥尔科夫斯基被父亲召回了家。

1877 年秋天，齐奥尔科夫斯基通过了乡村中学教师资格考试。4 个月后，他被任命为卡卢加省波罗夫县一个中学的数学教师。在教学之余，齐奥尔科夫斯基潜心于研究宇宙航行问题，提出了关于人造卫星和“宇宙飞船”的构想。为了研究气流对飞行器的影响，他竟像孩子一样，迎着大风身披被单猛跑，或者拽着风筝在泥泞的路上奔跑，因此往往招致一些人的嘲弄和冷遇，甚至有人把这位耳聋的中学教师视为精神不正常的怪人。齐奥尔科夫斯基后来在波罗夫县租了两间房子住了下来，房东是一个寡妇，有一个女儿叫索科洛娃，后来他与索科洛娃结了婚。

1881 年，齐奥尔科夫斯基对气体理论进行了大量思考和研究，并完成了一篇论文，送交彼得堡的物理和化学学会。学会的科学家看到齐奥尔科夫斯基的论文后十分惊讶。因为论文的内容和结论完全正确，但这一问题早在 20 多年前就已得到了圆满解决。科学家们没有把这个年轻人看成是骗子或剽窃者。他们认为：这位年轻学者可能与外界缺乏联系，并不知道他的“发现”已经问世多年了。此后不久，成功发现元素周期律的著名科学家门捷列夫给齐奥尔科夫斯基写了一封措辞谨慎的信，对他的工作和成绩表示赞赏，还对他进行鼓励，希望他将来取得更大成绩。

1883 年，齐奥尔科夫斯基把自己的研究成果写成《外层空间》论文。他断定火箭能在太空的真空环境中飞行，同时描述了征服宇宙空间的火箭发动机原理。此外，他还写了一本叫《在地球之外》的科幻作品，设想科学家制造出一种长 100 米、直径 40 米的纺锤形“火箭航天船”，靠一种“宇宙枪”喷出气体，以此来推动航天船进入环绕地球的轨道飞行。航天船载 20 人，可在船内栽种蔬菜和水果，制造金属材料，携带足够的食品和用具，然后飞往月球。月球船中有两人开动月球车游览月球，看到了多姿多彩的景象。经过若干年后，航天船平安返航，降落在大洋上，胜利结束了一次难忘的宇宙航行。这个构想与今天的载人飞行有惊人的相似之处。

1892 年，齐奥尔科夫斯基到卡卢加定居下来，致力于宇航的理论研究与实践。从 1896 年起，他就开始撰写自己最重要的科学著作——《利用喷气工具探测宇宙空间》。在这部惊世的著作中，他提出了宇宙航行学中的一个重要的基本公式——齐奥尔科夫斯基公式。在正式发表时，他还把引力和空气阻力等因素考虑进去，还勾画出液体火箭发动机的草图。在自己研究成果的基础上，他进一步表现出自己的才华，设想出许多提高火箭速度的方法。尤其令科学家瞩目的是，他最先倡导建造

“梯级或列车式”火箭，即多级火箭，通过缜密的物理论证和精确的数学计算，他得出了结论：火箭若能越来越轻，便能越飞越快；火箭还可以一枚一枚地“串联”起来，下一级的火箭燃料用尽后便自行脱落，而上一级的火箭则获得了新的速度。他有极高的想象力。他还指出，若干枚火箭也可以“并联”集成一束。这位伟大的宇航科学家，在著作中还研讨了火箭的最佳形状、火箭与空气摩擦引起的发热问题，指出宇宙航行的火箭应采用能量较高的液体燃料。他的深入研究，使他能最早建议用液氢和液氧作推进剂，利用阀门调节燃料的流量，以便用以控制火势和速度；他还提出研制回热冷却式发动机的设想……他的研究成果在当时是相当深奥的。当时的人们没有能力判断这些火箭构想的科学价值及其真伪。因此，这部惊世的科学巨著屡遭坎坷，难于出版。直到美国莱特兄弟试飞的 1903 年，才在莫斯科的《科学评论》杂志上发表。

“十月革命”改变了齐奥尔科夫斯基的生活和研究条件，他的社会地位也有了很大的提高。1919 年他被选为社会主义科学院的会员，1921 年苏维埃联邦社会主义共和国人民委员会会议决定给予他个人特殊养老金。从那时起，他更加勤奋地专注于航天学的研究。他在一篇名为《太空火箭工作：1903—1927 年》的文章中，系统总结了他在火箭和航天学研究过程中所做的工作和取得的成就，进一步提出研制宇宙火箭列车即多级液体火箭以实现宇宙航行的构想，但是鉴于当时的工业水平和工艺条件，他未能亲眼看到火箭升空的情景。即便如此，齐奥尔科夫斯基也没有丝毫的犹豫，对自己毕生的奋斗目标充满了信心。

在齐奥尔科夫斯基的论文和著作的影响下，一批火箭和航天爱好者走上了航天探索的道路。他的成就也被欧美广泛认同，德国航天先驱奥伯特曾在致齐奥尔科夫斯基的信中说：“您已经点燃了火炬，我们绝不会让它熄灭。让我们尽最大的努力，以实现人类最伟大的梦想。”随着世界范围内火箭和太空飞行研究热潮的兴起，齐奥尔科夫斯基的名望在迅速提高。1932 年在他 75 周岁生日时，苏联的各大报纸和杂志都刊登了有关他的事迹和科学成就的长篇文章，斯大林也向他发去了生日贺电，一时间这位老人成了苏联杰出的人民英雄，被誉为“俄罗斯航天之父”“世界上最伟大的航天先驱者”。

1935 年这位苏联火箭之父的心脏停止了跳动。但苏联沿着他的足迹，于 1957 年发射了世界上第一颗人造地球卫星。

智慧人生

“地球是人类的摇篮，但人类不可能永远被束缚在摇篮里。”齐奥尔科夫斯基的这句名言激起人们对宇航事业的无限憧憬，它成为人们征服太空的一种巨大的精神力量。

液体火箭专家戈达德

液体火箭是齐奥尔科夫斯基等火箭与航天先驱者所极力倡导的。但由于条件所限，他们没有完成液体火箭的研制。20 世纪 20 年代初，另一位航天先驱罗伯特·戈达德终于成功地研制出了液体火箭。

戈达德于 1882 年 10 月 5 日出生于美国马萨诸塞州的伍斯特城的一个新英格兰后裔家庭。戈达德小的时候，母亲患上了肺结核病，身体极度虚弱，那时肺结核病是无药可治的。戈达德也经常生病，没法坚持正常上学。17 岁时，戈达德上了伍斯特南方中学。后来，戈达德的父亲倾其所有照顾患病的爱妻，没钱再交戈达德中学毕业后的学费了。戈达德从别处得到了资助，上了伍斯特的一所技术学院。在这里，他遇到了很好的老师，成了数学和物理学的行家。戈达德在伍斯特综合技术学院完成了学业，留校当了一名物理教师，后来又上了克拉克大学。

罗伯特·戈达德一直相信人类能够穿越太空去到另一个星球，他宣称只要有威力足够强大的火箭，就可以把人射到月球上去。在克拉克大学学习一年后，戈达德去了新泽西州普林斯顿学院对火箭做进一步研究。

第一次世界大战期间，戈达德来到威尔逊实验室，主持研制由美国陆军资助的反坦克火箭的研究，这种火箭是第二次世界大战中著名的反坦克火箭的原型。1918 年 11 月，第一次世界大战即将结束前，戈达德成功地设计并制造出了铁筒小型火箭弹样机，并成功地进行了一次示范表演。第一次世界大战很快结束了，这项成果就被束之高阁了。

1919 年，戈达德把他 10 多年精心计算和研究的成果归纳成一篇论文，交给斯密森研究院审查。这篇名为《到达极限高度的方法》的论文，年底发表在斯密森杂文集的 71 卷第 2 期上。论文中，戈达德论述了火箭运动的数学原理和计算方法，讨论了宇航的原理，并用图片说明了火箭抵达月球的方法。然而，这篇论文带给戈达德的并不是荣誉，而是冷嘲热讽。在美国新闻界得知这一论文后，在报刊上进行了铺天盖地的夸大宣传和冷嘲热讽，一些报纸公开宣称戈达德是科学疯子，说他用火箭登月的建议说明他连中学程度的知识都不具备。电影明星马莉碧克以轻佻的口气给戈达德写了一封嘲讽的信，信中说："请阁下在第一次乘火箭飞赴月球的途中，给马莉碧克小姐寄来一封信。"

面对新闻界和其他各界人士的无知和嘲弄，戈达德没有生气，他甚至对这些人的行为不理不睬，用理智压抑着胸中的怒火，埋头致力于火箭技术的理论研究，他决心用现实回敬那些不懂装懂的人们。在理论研究告一段落时，戈达德一边在课堂上向学生们传授自己创立的宇宙飞行新理论，一边转向从事机械和装备的设计，试验各种燃料，制造火箭样机，同时进行静态试验和飞行实验。

戈达德的试验场设在马萨诸塞州奥本郊区的沃德农场。1923 年，他成功地进行了世界上第一个用汽油和液氧作为燃料的液体火箭发动机的地面静态试验。1925 年，戈达德在克拉克大学物理实验室内成功进行了火箭静态试验，制造了可供飞行试验的液体火箭样机。

1926 年 3 月 16 日是世界火箭发展史上一个永不磨灭的日子。这一天下午 2 时 30 分，在大雪覆盖的实验场上，戈达德架起了一座两米多高的发射架，上面竖着一枚高约 3.9 米、用液态氧和汽油为推进剂的火箭。开始发射了，火箭下面喷出燃气，火箭直往上蹿，飞了 12 米高、56 米远，整个飞行时间仅 2.5 秒。这和现代的火箭相比，自然不可同日而语，但它毕竟是世界上第一枚发射成功的液体火箭。戈达德为试验成功兴奋不已，激动地喊道："这一下我可创造了历史!"这以后，戈达德在成功的喜悦中继续研究，终于制造出了更大的液体火箭。1929 年 7 月 17 日，他在农场发射了一枚载有气压计、温度计和照相器材的气象火箭，这是全球第一枚装载有测量工具的气象火箭，仪器由降落伞回收。再度成功的喜悦充满戈达德的胸怀，他一鼓作气地造出了第二枚气象火箭。这一次非常不幸，火箭巨大的轰鸣声和嘈杂的噪声终于将一直对戈达德不满的警察、消防队和新闻记者招来了，警方给戈达德发出了最后通牒：立即停止进行中的试验，并不再允许其在马萨诸塞州进行此类古怪的试验。一家报纸在得知戈达德的升空记录后，幸灾乐祸地嘲弄道：“月球火箭离目标差 238 799 英里!”面对警方的指责，面对新闻记者的嘲讽，不屈的戈达德无可奈何地将他的试验场从农场迁到了另一个地方，重新开始了他的试验。然而，由于戈达德的试验支持者甚少，他的全部经费来源于斯密森学院少得可怜的拨款。正当戈达德为自己的试验经费东奔西走时，一个令人鼓舞的消息传来了：第一个成功飞越大西洋的空中英雄林白上校渴望见到戈达德。林白上校因自己的英雄壮举而为著名财团古根海姆家族所崇拜，并成为这个家族的朋友。在他从报纸上得知戈达德的研究状况后，对戈达德的研究很感兴趣，决定助他一臂之力。林白告诉戈达德说，他已意识到火箭最终将是实现宇宙航行的唯一推进工具。“我们不妨去争取企业界的支持。”林白建议说。林白开着自己的飞机，陪戈达德周游于各大企业，然而，尽管费尽口舌，仍没有哪家企业愿意资助。无可奈何之际，林白决定向自己的好朋友——古根海姆家族——求援。在林白的周旋下，古根海姆基金会终于答应：从 1930 年起，在 4 年内向戈达德提供 10 万美元的研究经费。

有了经费的戈达德辞去了大学教授的职务，于 1930 年 7 月将试验场迁到了新墨西哥州的罗斯韦尔。在这里，戈达德不断地改进他的火箭，最终使火箭飞行能够达到相当可观的高度和速度。戈达德刚开始发射的火箭，由于没有控制设备，火箭不能按预定的方向飞行，1932 年，戈达德开始用高速旋转的陀螺来保持火箭的稳定性。陀螺能绕某一个支点自由旋转，最简单的陀螺就是民间玩具“地转子”(或称“地牛”)。当“地牛”在地面围绕自身轴线飞快转动时，你越使劲抽它，它就转得越欢，立得越稳；不使劲抽就转得慢，开始摇晃；如果不抽，“地牛”最终会倒地，这一特性就是旋转物体的定轴性。火箭装上这种陀螺就能扶摇直上了。火箭上升到一定高度后，还要改变方向，这就需要操纵。为了解决这个问题，戈达德发明了燃气舵，它的功用犹如飞机的方向舵，不过飞机的方向舵是靠外部气流的作用，使其偏转以改变飞机的航向的，而燃气舵却是装在火箭发动机的内部靠近喷口的地方，它利用燃气流的作用使其偏转，从而达到改变火箭方向的目的。1932 年，戈达德完成了陀螺和燃气舵控制火箭飞行的试验。1935 年，戈达德制造的火箭的速度超过音速，射程达到了 70 千米。1945 年 3 月，当戈达德看到从德国运回的胜利品“V—2”火箭时，发现除大小不同外，这个火箭几乎与他的火箭完全相同。

1945 年 8 月 10 日，戈达德因咽喉癌离开了人世。他一生申请了 212 项有关火箭技术和航空技术的专利。他留下的报告、文章和大量笔记也成了后人一笔巨大的财富，戈达德也因此被称为“现代火箭之父”。

智慧人生

戈达德的一生充满坎坷。他在实验不断遭到失败并不断受到嘲讽时曾这样勉励自己：“很难说有什么办不到的事情，因为昨天的梦想可以是今天的希望，而且还可以成为明天的现实。”正是他百折不挠地进行科学研究才使当时许多飞天的梦想成为了今天的现实。

德国火箭专家奥伯特

1935年，戈达德制造的火箭的速度超过声速，射程达到70千米，他的成功使一大批火箭研制者受到鼓舞，德国的奥伯特就是其中一个。

奥伯特1894年6月25日生于赫尔曼施塔特，这个地方当时属奥地利帝国，由于边界的变更，后来属罗马尼亚。在他12岁的时候，就因凡尔纳的《从地球到月球》的影响而迷上了星际旅行。1913年，奥伯特到慕尼黑学医学，但第一次世界大战中断了他的学业。从1919年开始，奥伯特认真钻研物理，他阅读了所有他能找到的关于火箭和宇宙航行的著作，其中包括齐奥尔科夫斯基的著作。

1922年，奥伯特充分认识到太空飞行运载工具的研制已经不是一种推测，而是很快就将变为现实。他认为只有火箭才能在没有空气的太空中飞行，人完全可以乘坐这种飞行器到太空中飞行并且可以保证安全。奥伯特将他的研究成果进行了整理，写成了一篇论文《飞往星际空间的火箭》，并于1923年初发表。这篇论文提出以下四个论点：第一，以目前的科学知识水平，能够制造出一种机器，它可以飞到地球大气层以外的高度；第二，经过进一步改进，这种机器能够达到这样一种速度，使它不受阻碍地进入太空间而不返回地球，甚至能够摆脱地球的引力；第三，这种机器可以制造成载人的形式，而不会危及他们的安全；第四，在一定条件下，制造这样的机器是有益的，这样的条件有望在几十年内发展成熟。在文章中，奥伯特对以下问题进行了深入讨论，其中包括：对火箭运动的一般问题的研究，对他构想的高空火箭的描述，对理论上的“宇宙飞船”的描述等。

《飞往星际空间的火箭》于1929年经过修改和充实，改名为《通向航天之路》。这是一篇相当全面的关于火箭和太空飞行的著作，出版后在德国引起了很大反响。1927年，德国一批火箭与航天飞行爱好者自发成立了“德国星际航行协会”，奥伯特任会长。这个协会立下了“为人类造福”的宗旨。他们用简陋的液体火箭在柏林郊区的火箭发射试验场进行试验。1930年，奥伯特主持设计了一种锥形喷嘴火箭发动机，把它装在液体火箭上点火发射，燃烧90秒，试验成功了。这是德国星际航行协会研制的第一枚液体火箭。后来，奥伯特的学生冯·布劳恩作为他的助手崭露头角，迅速成为火箭技术领域的佼佼者。

奥伯特于1940年加入德国籍。不久后他就去了佩内明德研究中心参与“V—2”火箭的研制工作。在他的领导下，德国在第二次世界大战期间率先研制成功大型火箭武器，为航天时代的到来开启了大门。

第二次世界大战结束后，奥伯特留在德国，并回到他的家乡住了一段时间。1951年，他离开德国到美国与布劳恩合作，共同为美国空间规划努力。这期间他写了两本书，一本是对10年内火箭发展的可能性所做的展望，另一本谈到了人类登月往返的可能性。1960年，奥伯特退休后回到德国。1989年12月，奥伯特去世，享年95岁。

奥伯特的主要贡献是理论上的，他建立了下列条件之间的理论关系：燃料消耗、燃气消耗速度、火箭速度、发射阶段重力作用、飞行延续时间和飞行距离等。这些关系对于火箭的设计来说是最基本的因素。奥伯特更多的是作为一个理论家，而不是一个实验家，影响了整整一代工程师。作为航天事业的奠基人之一，奥伯特被人们誉为“欧洲火箭之父”。

智慧人生

奥伯特在谈到他少年时代的渴求时，做过一个形象的比拟：“骆驼能够在它们渴了的时候发现新的水源。也许某种可以类比的东西在我身上发生了……”的确，奥伯特有着像骆驼一样的务实精神。这种精神最终使他成了一头发现宇宙航行新“水源”的“骆驼”。

“导弹之父”布劳恩

冯·布劳恩1912年3月23日生于波森的维尔西茨（波森古时曾是普鲁士的一个省，第一次世界大战后划归波兰，现在波兰境内）。

布劳恩幼年时，德国人流行把火箭（许多是黑色火药和烟花火箭）绑在汽车、火车、船上创造速度纪录。此事对少年的布劳恩颇有影响，他一次买了6枚火箭装在一辆玩具车上并将其点着，几乎惹祸。但此事并未影响布劳恩对火箭的兴趣，他一有机会就燃放焰火火箭。与世人推测的相反，火箭天才布劳恩并不是一个读书天才。他除法语较好外，一些功课的成绩并不能让父母高兴，他的物理很差，数学竟然不及格，而这两门都是现今从事航空航天工程的基础课。父母为他的理科成绩担忧，便将他转入一所寄宿学校，他的成绩终于有所提高，但他最喜欢的还是木工、石工、农业种植，因此他小时候就曾自己动手制作汽车。

布劳恩中学毕业后，进入夏洛特堡工学院。德国高等院校历来注重学生的实际操作能力，布劳恩曾用了5周时间锉出来一个标准的金属立方体，并熟悉各种机床的操作和工艺。

1910—1930年，欧美国家盛行研究各种火箭。当时的主流是固体燃料火箭，并少量应用在第一次世界大战中，但一些富有远见的工程师指出：液体燃料火箭才是征服天空的首选。这时在德国已经有许多工程师研制出了各种火箭并积累了丰富的经验。奥伯特先生是德国当时最知名的火箭专家，布劳恩与他认识后，成为他的助手。奥伯特坚持认为：最好的火箭动力是液体燃料而非固体火药。此论点对布劳恩很有影响。奥伯特设计了液体发动机最初的装置，并且点火成功。他用的是液态氧和汽油。后来奥伯特离开了火箭研究，布劳恩和其他弟子把老师的火箭研究事业继续持续下去。20世纪30年代的德国受经济大萧条影响，失业严重。一些高级技工免费在布劳恩的火箭工厂里干活，一些大公司出于商业目的会给一些赞助，而绝大部分的成绩则依靠一群年轻人的献身精神。

1931年，布劳恩暂离火箭工厂到瑞士的苏黎世高等工学院进修。学成回国后，正赶上他的同事发射小型试验液体火箭——“米拉克1号”。虽然经过初次试验失败，但后来这种小火箭就不断成功发射了，布劳恩深感光凭工程学知识征服宇宙空间是远远不够的，他毅然转入柏林大学学习更多的物理、化学和天文学。在柏林大学，有一批优秀教授任教。布劳恩的博士论文是关于液体火箭发动机中复杂的喷射、雾化、燃烧、离解、气态平衡和膨胀现象。后来，“米拉克”液体火箭引起了德国军方的关注。不久后，德国军方找到了布劳恩，从此，他开始为德国军方效力。在布劳恩的主持下，一批批火箭被研制了出来，这其中就包括在第二次世界大战期间给英国带来巨大灾难的V—2火箭，它在当时被人们称为“飞弹”。

第二次世界大战结束以后，布劳恩作为有特殊价值的战俘被抓去了美国。后来冷战开始，美国陆军想要一种远程导弹，甚至起了名字叫“红石”，军方决定让布劳恩主持研制，这位来自欧洲的火箭天才终于派上了用场。就这样，布劳恩在赋闲6年之后，又紧张地忙碌起来。1957年，“红石”火箭达到了2 000千米的射程，射程更远的“丘比特”火箭也很快研制成功了。

1961年5月，美国总统肯尼迪宣布了载人登月的决定，航宇局随即实施了大规模的“阿波罗”计划，它为布劳恩搭建了展示才华的舞台。

“阿波罗”计划前，研制火箭通常采用分级试验的方法，就是一次飞行只试验一级，以后再依次加上第二级、第三级。为了按时完成10年内登上月球的任务，美国航宇局载人航天飞行办公室主管乔治·缪勒提出了一个令人吃惊的决定——全载荷试验。这个决定改变了以往的做法，第一次就将各级火箭组装在一起发射，这无异于把所有的鸡蛋都放在一只篮子里，因此第一次听到这个决定后，马歇尔航天中心的火箭专家都表示怀疑。一位实验室的主任对航宇局的一位官员说：“你一定是神经错乱了。”可是，布劳恩却公开支持全载荷试验，见到这种情况，许多高级官员也只好不再坚持反对意见。事实证明，乔治·缪勒的决定是对的，布劳恩的坚持也是对的。1967 年 11 月 9 日，“土星 5 号”第一次发射就大获成功，每一级火箭都工作得完美无缺，全载荷试验为“阿波罗”计划赢得了时间。“阿波罗”计划的成功很大程度上取决于土星系列火箭的成功。土星系列火箭前后共发射了 33 次，全部取得了成功，可靠性达到 100%，而世界上其他系列火箭的可靠性没有一种超过 97%。这种超乎寻常的成绩，来源于布劳恩德国式的严谨，来源于他一丝不苟的质量管理。一次，“土星 1B”火箭在试验和清洗时发现发动机里存有多余物，布劳恩立即采取了措施，并写信给承包商洛克达因公司，指出对方的问题，他警告说：“如果这种情况继续下去，将会引起严重事件。”对布劳恩的这种严谨态度，最应该表示感谢的是宇航员们，土星 5 号在历次登月飞行中都完美无缺地顺利完成了任务，没有一个宇航员伤亡。

1970 年 2 月，即“阿波罗”13 号飞船发射前两个月，布劳恩告别马歇尔航天中心，前往华盛顿担任宇航局副局长。载人登月成功后，布劳恩提出了载人登陆火星的建议和设想。但国会议员们拒绝了他的火星飞行计划。载人火星计划流产了，“阿波罗”计划接近了尾声。当时布劳恩才 60 岁，还不到宇航局 65 岁的法定退休年龄，然而他认为自己在宇航局已经没有什么大事可干了。1972 年 6 月 19 日，也就是“阿波罗”16 号发射两个月后，为美国陆军工作了 15 年，为宇航局工作了 12 年的布劳恩出人意料地辞去了宇航局副局长的职务，加入了费尔柴尔德公司。这是一家著名的航空航天公司，也是天空实验室轨道舱的承包商。布劳恩转入该公司后，一直从事广播电视通信卫星的研制工作。1977 年 6 月 16 日，65 岁的布劳恩因脑瘤手术导致体力衰竭去世了。

智慧人生

布劳恩为纳粹工作 11 年的经历历来备受指责，但他在火箭技术和太空探测等方面都取得了辉煌的成就。时至今日，美国乃至全世界的人们仍在怀念这位世界著名的火箭专家，并将永远铭记他在人类航天技术发展中做出的卓越贡献。

第二次世界大战火箭专家多恩伯格

第二次世界大战期间，德国的空军和海军逐渐重视火箭导弹武器，并各自进行研制工作。由于缺乏统一的领导，三军之间出现了各搞一套的混乱局面。因此，德国当局采取了一些必要的措施。第一个措施就是任命了一名佩内明德军事基地司令官兼三军火箭武器装备研制负责人——多恩伯格。

多恩伯格于 1895 年 9 月 6 日出生在德国黑森州吉森城。他 1914 年应征入伍，在陆军服役，后被派往柏林工业大学深造，攻读机械工程专业，1930 年，多恩伯格获得硕士学位，然后回到军械局，接受领导研制火箭武器的任务，当时他是一名陆军上尉。

1930—1932 年，多恩伯格担任固体推进剂火箭和液体推进剂火箭研制部门的负责人。1935 年他获得了柏林工业大学工程博士学位。1936—1945 年间，多恩伯格任佩内明德火箭研制中心和试验基地的司令官，全面负责军械局的火箭研制、生产和部队训练。从 1944 年起，他还担任德国国防军三军导弹计划的司令官，兼任德国导弹研制委员会主席，总管军事和技术工作，负责所有 V 型火箭武器系列和地空弹的研制和采办任务。由于他在军械局领导研制火箭和导弹武器方面做出了杰出贡献，先后获得骑士勋章以及 11 枚其他军功勋章，1943 年，他被授予德国最高勋章。

多恩伯格领导研制的第一枚“V—1”型火箭是一个实验型号，并无任何军用价值，它是世界上第一个无人驾驶的巡航式飞行器。鉴于英国大量装备战斗机，使德国袭击英国的轰炸机损失日益惨重，多恩伯格决定加速“V—2”火箭的研制进度，较快地完成了定型工作，使德国当局于 1942 年底下令大量生产。“V—2”型火箭是第二次世界大战期间德国使用最多的超声速近程地弹道导弹。

在1930年德国陆军开始研制近代军用火箭的时候，没有多少可供参考的现成经验。虽然俄国的齐奥尔科夫斯基、美国的戈达德和德国的奥伯特等先辈的研究成果，已经引起世界各国一些科学家对火箭的兴趣，但没有一个火箭研究小组能提供可靠的研究成果和科技资料，更没有现成的发动机和制导系统的产品可供借鉴。那时，多恩伯格已认识到，火箭在航空和火炮领域内有广阔的发展前景，因此，同意陆军和空军分别建立各自的导弹试验站。陆军导弹试验站于1936年建在佩内明德的东部，空军导弹试验站建在西部。在多恩伯格的直接领导下，该研制、试验中心很快就初具规模。佩内明德是大战时期保密工作做得较好的地区，它从1936年起就开始搞研制，直到1945年，英、美的谍报机关仍然不知道佩内明德领导人的姓名。

多恩柏格在佩内明德军事基地一直连任司令官近15年。第二次世界大战结束时，他作为纳粹德国的一名军官被盟军俘获，关进战俘营。1947年，多恩伯格被释放，然后定居美国。不久后便成为美国宇航学会和美国火箭学会的会员。

1947—1950年，多恩伯格以火箭专家的身份，在美国的一个空军基地任导弹设计顾问。20世纪50年代后期，他在美国陆续著文和发表演说，回顾了他在佩内明德领导研制火箭武器的经历。1964年，他成为贝尔飞机公司副总经理兼首席科学家，在美国任职期间，长期与导弹工业界打交道，亲自感受到美国导弹研制和宇宙航行组织工作的一些弊病。他建议美国要有效地组织宇宙空间研究，并指出，当年德国的某些指导思想仍适用于今天的美国。他认为必须遵循三条基本原则："第一，必须避免工作上的任何重复；第二，应由一位负责人掌握最后决策权；第三，前一步工作中的问题没有解决，就绝不要搞全面突进。"多恩伯格指出，宇宙航行"在军事上意味着作战领域的扩大；在政治上意味着国家和政府威望的提高；在科学上将大大丰富科学家的知识"。多恩伯格的谋划，对美国导弹武器和宇航事业的发展具有一定的影响。

多恩伯格于1980年在美国去世。他长期为纳粹德国的战争服务，为其研制了先进的杀伤性武器，此外，他还积极向希特勒推荐他的火箭发展计划，将现代火箭用于战争，因此人们视他为现代武器的早期开拓者。

智慧人生

作为世界第一枚现代火箭“V—2”的总设计师，虽然多恩伯格的努力曾对人类造成了极大的伤害，但作为卓有成就的科学家，他的名字在科学发展史上仍然占有重要一页，他的研究成果仍然属于全人类。

航天科学奇才冯·卡门

20世纪初，飞机刚发明不久，莱特兄弟试飞成功的消息就传到欧洲，在欧洲特别是法国掀起一股“飞行热”，涌现出一批不屈不挠的航空先驱，法尔芒就是其中的一位。1908年的一天，法尔芒又一次打破飞行纪录。飞行结束后，一个年轻人从人群中挤过去，与法尔芒展开了一段精彩的对话。这名年轻人问法尔芒：“我是研究科学的。有一位伟大的科学家，用他的定律证明了比空气重的东西是绝对飞不起来的，你能解释一下飞机为什么会飞起来吗?”法尔芒幽默地回答：“是那个研究苹果落地的人吗？幸好我没有读过他的书，不然，今天就不会得到这次飞行的奖金了。我以前只是个卡车司机，现在又成了飞行员。至于飞机为什么会飞起来，不关我的事，您作为教授，应该研究它。”法尔芒的话令这个年轻人大吃一惊，他对陪他一起来的一位记者说：“看来权威专家们的话也不一定都对。现在我终于能决定我今后该研究什么了。”他拉住记者的手说：“我要不惜一切努力去研究风以及在风中飞行的全部奥秘，总有一天我会向法尔芒讲清楚他的飞机为什么能上天。”这个年轻人后来果真走上了从事航空航天空气动力学研究的道路。他就是后来被尊称为“现代宇航科技之父”和“超声速飞行之父”的冯·卡门。

1881年5月11日，冯·卡门出生于布达佩斯的一个犹太人家庭。他父亲莫里斯·卡门是一位著名的教育学教授，母亲也出身于书香门第。在冯·卡门6岁时的一天晚上，冯·卡门的表哥出了一道题：“15×15等于多少?”冯·卡门边玩边答：“225。”二哥接着问：“924×826等于多少?”冯·卡门头也没抬一下说：“763 224。”全家人都发出了惊叹声。冯·卡门的父亲却不以为然地说：“你们是串通好了在演戏吧！小宝贝，难道你还能心算出来18 876×18 876等于多少吗?”冯·卡门只思索了一会儿就说出了正确答案：“356 303 376。”大家欢呼着把冯·卡门抱了起来。但父亲却对他的超常的运算能力感到担忧，怕他将来变成一个畸形发展的人。不久，在父亲的干预下，冯·卡门便和各种数学科目断绝来往，直到十几岁才重新开始学习数学。

1898年11月，16岁的冯·卡门进了皇家约瑟夫大学。冯·卡门在大学初期，就能够独立、专注地思考问题，往往沉浸于丰富多彩的科学思索中，把一切杂念都抛在脑后。在解决问题的思路理清之前，绝不肯从坐椅上站起来。

1906年，冯·卡门来到哥廷根大学深造。在那里，他跟随“现代空气动力学之父”普朗特教授研究材料力学，又和德国物理学家玻恩合作研究过晶体原子结构模型。两年后，他又去了巴黎大学学习。在巴黎，有一次，他陪女友去观看欧洲首次2千米飞行表演，就是在那里，他遇到了法尔芒。从那以后，他开始悉心研究空气动力学。不久后，他的老师普朗特邀请冯·卡门到格丁根大学去做他的助手，从事教学和研究工作。1912年，冯·卡门成为阿亨大学气动力研究所所长。他在那里工作了14年，在空气动力学方面取得许多重要突破，还为一些企业研制飞艇、全金属运输机，担任火箭顾问等。

1926年，冯·卡门移居美国，指导古根海姆空气动力实验室和加州理工大学第一个风洞的设计和建设。在任实验室主任期间，他归纳出钝体阻力理论，即著名的“卡门涡街”理论。这个理论大大改变了当时公认的气动力原则。他还提出了附面层控制的理论，1935年又提出了未来的超声速阻力的原则。1938年，冯·卡门指导美国进行第一次超声速风洞试验，发明了喷气助推起飞，使美国成为第一个在飞机上使用火箭助推器的国家。在他的指导下，加州理工大学一批航空工程师，包括他心爱的中国弟子钱学森开始搞喷气推进和液体燃料火箭，而且后来还成立了喷气推进实验室。该实验室是美国政府第一个从事远程导弹、空间探索的研究单位，有很多重要的研究成果。

第二次世界大战即将结束时，美国陆军航空队司令阿诺德将军请教冯·卡门教授，要他评价美国航空技术发展的现状，预测未来的发展，并就如何确保美国空军未来的领先地位提出建议。德国投降后，以冯·卡门少将为首的美国空军顾问团，率领有关火箭方面的科学家，专程赴德国“参观考察访问”。他们考察了隐蔽在一片松林中的一个德国空军的秘密研究所，它由纳粹空军头子戈林直接领导，拥有50多座建筑，设有研究导弹、飞机引擎的成套仪器设备。大战期间，有成千的科学家和技术人员在这里从事工作。这里写出的秘密研究报告就有300万份之多，重达 1 500 吨。他们详细地察看了德国的研究设备，分析了技术成果。又前往哥廷根、亚琛和慕尼黑等地调查。在哥廷根，审讯了包括冯·卡门过去的老师普朗特在内的有关人员。正巧，前佩内明德火箭基地的 400 名德国火箭方面的工程师和技术人员也逃到这里。"顾问团"对这些人又进行了审讯。通过审讯，顾问团获得了一项惊人的秘密：德国已经着手研制一种可达到美国纽约的 3 000 英里射程的火箭。德国人的火箭、导弹计划远远走在美国的前面。

通过这次调查，冯·卡门摸清了德国火箭技术的水平，返回美国后，先写出一份《我们在何处》的考察报告，对比了美、德两国在战争期间的科技发展，并指出美国已有可能研制射程达 9 600 千米的导弹。接着，冯·卡门又拿出了名为《通向新地平线》的第二份报告。该报告包括 25 位作者的 32 份报告，主题涉及从空气动力、飞机设计到炸药、末端弹道等。《通向新地平线》报告的主要观点是"科学是掌握制空权的基础"。报告强调，要成为航空大国，没有一劳永逸的解决办法，只有不断地加强研究和发展，才能确保国家安全。

1963 年 2 月 18 日上午，为了表彰冯·卡门对科学、技术和教育事业的杰出贡献，肯尼迪总统授予他美国第一枚科学勋章。按计划，肯尼迪总统要亲自给冯·卡门颁发勋章。当总统及其随从一到时，来自世界各地的友人就向授勋地点涌去。当时的冯·卡门已有 82 岁，并患有严重的关节炎，当他气喘吁吁地登上领奖台的最后一级台阶时，踉跄了一下，差一点摔倒在地上。给他颁奖的肯尼迪总统忙跑过去扶住了他。冯·卡门对肯尼迪总统说："谢谢总统先生，物体下跌时并不需要助推力，只有上升时才需要……"授勋之后仅仅过了两个多月，冯·卡门就在亚琛因病逝世了。

智慧人生

冯·卡门是 20 世纪最伟大的科学家之一。他在一生艰苦研究的基础上，对航空航天技术的发展有过很多重要的预见，后来都一一成为现实，例如超声速飞行、远程导弹、全天候飞行、卫星等。

"运载火箭之父"科罗廖夫

1957年10月4日，世界上第一颗人造地球卫星发射成功。1959年1月2日，世界上第一个月球探测器进入轨道。1961年4月12日，世界上第一艘载人"宇宙飞船"成功发射……这些都是人类空间技术发展史上跨时代的大事件。苏联的火箭和卫星事业因此为世人所熟知，但作为这些航天工程的主要负责人——苏联火箭专家、航天系统总设计师科罗廖夫——在当时却鲜为人知。

科罗廖夫于1907年1月出生在距乌克兰首府基辅200千米的古城日托米尔，在科罗廖夫刚刚学会走路的时候，他的父母就离婚了。幼小的科罗廖夫随母亲去了外祖父母家居住。儿童是富于幻想的，科罗廖夫更是这样。他四五岁时，常常骑在外祖父的肩上，去看飞行员的飞行技艺表演。科罗廖夫可以长时间、目不转睛地盯着飞行在天穹的飞机。有一次，科罗廖夫向母亲要两条床单，想用床单做成翅膀学飞行。他还认真地对母亲说："我哪怕是从这个屋顶飞到那个屋顶也好。"当母亲告诉他这样的翅膀不能飞行时，他疑惑不解地问："那么鸟是怎么飞起来的呢?"

1922年，科罗廖夫16岁时，有一天，他和母亲漫步在大街上。突然，他向母亲要50戈比，母亲问他做什么用，他认真地说："我想加入飞行协会，要交纳入会会费。"就这样，科罗廖夫迈出了航空飞行的第一步。1923年年初，航空之友协会诞生了，科罗廖夫成了协会会员，在滑翔运动小组参加活动，还经常在工厂里给工人们讲滑翔运动课。

科罗廖夫18岁时去了基辅工学院机械系学习。两年后，他又去了莫斯科鲍曼高等技术学校空气动力系继续他的大学学习。1929年，科罗廖夫在莫斯科高等技术学校毕业，获得了飞机设计师文凭。就在这一年，科罗廖夫和他的伙伴们在卡卢加市拜访了齐奥尔科夫斯基，这位现代宇宙航行学奠基人热情地接见了这伙年轻人。科罗廖夫异常兴奋和激动，满怀信心地宣布：从现在起，我的目标是飞向星球！齐奥尔科夫斯基满意地笑了，认真地说：“这是一项艰难的事业。年轻人，相信我这个上年纪人的话吧，这项事业需要有知识，有坚忍不拔的耐性，也许要付出毕生的精力和时间。”科罗廖夫坚定地回答：“我不怕困难！”齐奥尔科夫斯基非常高兴，他送给科罗廖夫许多有关这方面的书籍。这一次会见在科罗廖夫的心里留下了终生难忘的记忆，成为鼓舞他征服宇宙的动力。此后不久，科罗廖夫参与组建火箭喷气推进小组并于1932年成为这个小组的负责人。1933年这个小组与另一个实验室合并，成立喷气科学研究所，科罗廖夫为负责科研的副所长。在科罗廖夫主持下研制的飞航式和无翼火箭和火箭科学研究所制造的一系列火箭发动机，成为可控弹道导弹以及后来的洲际导弹、“宇宙飞船”的开端。

第二次世界大战结束以后，美苏两大国的争夺愈演愈烈。美国以拥有核武器相威胁，因此苏联必须尽快研制出原子弹，打破美国的核垄断局面。1946年年底，科罗廖夫所在的设计局开始设计自控远程火箭。科罗廖夫是这项新兴事业的心脏和灵魂，他把全部精力都倾注在这项事业上。1947年10月18日，十月革命30周年前夕，在苏联某地的靶场发射了第一枚弹道火箭样机。此后，在科罗廖夫主持下，又进行了多达11次新式战略试验火箭的发射。这就为苏联火箭制造的富于成果的阶段奠定了坚实可靠的基础。

1954年，科罗廖夫提出利用运载火箭发射人造地球卫星的想法。在苏联政府的支持下，科罗廖夫和设计局开始集体研究第一代宇航装置，并且预定在国际地球物理年即1957年7月至1958年12月发射。苏联政府决定建立航天火箭发射场。地点选在哈萨克斯坦，离小居民点拜科努尔不远的沙漠地区。1955年1月，第一批建设者开进拜科努尔。不论是低达－50℃的严寒，还是呼啸的狂风和灼人的酷热，也不论是缺少道路和生活设施简陋，都没有难倒工程的建设者。一年半以后，工程竣工了。

1957年10月4日夜。航天火箭发射场上探照灯灯光明亮，宇宙火箭直指夜空，雄伟壮观。天幕上群星闪烁，神秘深邃。一声点火令下，航天火箭托举着人造卫星划破夜空，直冲苍穹。刹那间，从天空中向地面传回航天器的声音："哔噗——哔噗"航天火箭发射场上人群立刻沸腾起来，高呼"乌拉！乌拉!"全世界的人们惊奇地获悉：第一颗人造地球卫星已进入地球轨道。

科罗廖夫并没有陶醉在发射第一颗人造地球卫星的欢乐之中，此后，他发起了对月球的冲击。1959 年 1 月 2 日，苏联发射了世界上第一个月球探测器"月球—1 号"。

在奠定了人造地球卫星、月球火箭、飞往金星和火星飞行器的技术基础之后，科罗廖夫将下一步工作移交给其他科学家，而他自己则潜心设计可控"宇宙飞船"和宇宙站，以便实现他在青年时就萌生的幻想——人在宇宙中飞行。不久后，由科罗廖夫担任总设计师的"东方"号运载火箭诞生了。为了慎重起见，科罗廖夫并没有急于做人在宇宙中飞行的试验，而是又做了一次带小生物的试验。不料，意外的情况发生了。1960 年 12 月发射的第三艘"宇宙飞船"未能返回地球。这艘飞船沿着极陡的轨迹下坠，在进入稠密大气层时烧毁了。第三艘"宇宙飞船"飞行的轨道正是为人进行宇宙飞行而设计的。

许多人害怕迈出这一步。他们提出种种理由来阻止这次"冒险"，但科罗廖夫坚定不移地认为，人应该有义务有权利进入宇宙。1961 年 3 月 9 日，第四艘飞船开始试验。飞船上搭载的试验动物有一只名叫切尔努什卡的狗和一些老鼠、青蛙、豚鼠等生物学研究对象。在绕地球飞行一周之后，这只历次发射的飞船中最重的飞船在预定地点安全着陆。16 天后，第五艘飞船进入地球轨道。舱内有一只叫"小星星"的小狗。这艘飞船飞行了 1 小时 45 分。飞船技术设备、性能等再次被证实是良好的。根据地面指令，第五艘飞船在预定地区着陆。

1961 年 4 月 12 日，在苏联本土，世界上第一艘载人"东方号""宇宙飞船"载着尤里·加加林进入太空。世界各国的科学家纷纷发来贺信，一致认为：星际飞行时代已经成为现实。至此，科罗廖夫青年时的幻想变成了现实。

在此后的 3 年中，科罗廖夫又领导创造了一系列令世人眼花缭乱的航天成果。到 1965 年年底，他已领导发射成功 9 个月球探测器、4 个金星探测器和 2 个火星探测器。但由于苦役折磨和长期呕心沥血地工作，年方59岁的科罗廖夫于1966年1月14日病逝，没能看到他倾注最后生命的礼炮号空间站上天。虽然科罗廖夫过早地辞世了，但他的成就、精神、理论却永久地留在了世间。

智慧人生

作为应用宇宙航行学的奠基人，科罗廖夫为苏联赢得了一系列世界第一。为了纪念这位航天事业的大功臣，1972年，苏联公映了一部名为《驯火记》的传记性影片。影片的主人公就是科罗廖夫的化身。

太空飞行第一人加加林

1961年4月12日，身着90千克重的太空服，苏联首位宇航员加加林乘坐重达4.75吨的"东方1号"宇宙飞船进入太空，成为世界上第一个进入宇宙空间和从宇宙中看到地球全貌的人。

加加林于1934年3月9日出生在苏联莫斯科附近的一个村庄里。他的父亲是个木匠，母亲是一位善良的村妇。加加林小的时候，正是第二次世界大战期间，德军曾一度占领了他的家乡。村子里稍大一点的孩子都被德军抓往德国做苦工去了，由于加加林太小，才幸免于难。

苏联打败德国法西斯后，加加林有条件上学了。他聪明好学，刻苦钻研，成绩优秀，很快被送到一所专门学校学习。在那所学校里，他将被培养成一位科技工作者。但是，年轻的加加林却希望自己将来成为一个飞行员。于是，他报名参加了航空俱乐部，经过文化知识和体能测试，他被录取了。

1959年，根据科罗廖夫的建议，苏联决定在空军飞行员中征召第一批宇航员。这个消息使加加林激动不已，他立即向空军指挥部递交了申请报告，并接受了严格的选拔。在一连几天的检查中，他每天都必须回答科学家、医生和军官们提出的各种各样的问题，只有最优秀的年轻人才有可能被选上，而考官们对加加林感到十分满意。他终于成为第一批6名宇航员中的一个。

加加林被带到一个绝声室里。这是一间具有良好隔声系统的小房子，里边只有一张办公桌，桌子上放着一个仪表盘，旁边放着一张沙发床，一个装食品的冰箱，帘布后面是厕所。在这个小小的天地里，加加林要独自生活一段时间。乍看起来，这种考验并不太难。但是，加加林所要承受的不是几小时或一两天的寂寞，而是10天，或更长的时间。加加林一次又一次经受着孤独的考验，从来没有烦躁过。为了克服宇航员进入太空时对失重和高温的不适应，加加林还被带入滚筒内和“蒸箱”中进行训练。滚筒内有一张固定的坐椅，宇航员就坐在上面。训练的时候，滚筒根据教官的命令迅速地旋转起来，滚筒旋转得越快，加加林就越感到自己在飞速旋转，开始的一段时间，他感到头晕目眩，全身肌肉紧缩。每次从滚筒里出来，他都大汗淋漓，脸色苍白。后来，经过反复艰苦的训练，他终于可以轻松自如地在滚筒中保持平衡了。一天，加加林来到“蒸箱”进行测试。起初，那“蒸箱”里像春天般的温暖，加加林还没来得及高兴，温度就开始急剧上升。40℃，50℃……他剧烈地喘息着，胸口仿佛压了块巨大的石头，汗水大滴大滴地从头发上、眼皮上滚落下来，全身的衣服都湿透了耳朵被烤得疼痛难忍，鼻腔和口腔里的黏液都已全部蒸发了，但他一分钟一分钟地坚持着，绝不发出要求停止测试的信号。最后，他总算打破了在高温下忍耐100多分钟的纪录，才艰难而骄傲地走出了人工控温室。

加加林在训练过程中所表现出来的坚忍不拔的意志，对自己的高标准、严要求，一丝不苟的精神，深受人们的敬佩。同时，他的反应机敏，记忆力和鉴别力都非常出色。几经筛选，他终于从第一批宇航员中脱颖而出，担当起世界上第一艘载人“宇宙飞船”“东方1号”的宇航员的重任。

1961年4月12日清晨，汽车载着加加林沿着“英雄大道”直奔拜科努尔航天发射场。此时此刻，加加林的体温不能升高半度，脉搏不能多跳5次，否则就要由另一位同样受过充分训练的人代替他，加加林真不愧是一位冷静沉着、坚毅勇敢的宇航员。两小时之后，加加林被固定在“东方1号”“宇宙飞船”的座舱里。这是一个直径2米多的球形座舱，座舱只能乘坐一名宇航员，它有3个观测窗口，配有各种仪器仪表和一台电视摄像机。宇航员的坐椅是弹射式的，可以在发生意外险情时弹射脱险，也可以在降落时弹射出飞船。莫斯科时间9时7分，6台发动机发出轰鸣，“东方1号”离开发射台徐徐升起，宇宙航行开始了。加加林在飞船中，起初感觉巨大的飞船很慢很慢地离开了发射装置，但很快就觉得超重在增强。他感到有一种不可抗拒的力量沉重地压迫着整个身体，就连手脚稍微动弹一下都十分困难。9分钟以后，飞船顺利地进入地球轨道，加加林顿时产生了一种不可思议的奇妙感觉，他知道这时已经进入失重状态。这对于地球上的人们来说是从未有过的体验。他是第一个品尝失重之“蟹”的人。忽然间，一切都变轻了。双手双脚，以至整个身体，所有没有固定的物体都飘起来了。从水管子里流出的水滴，变成了小圆珠。它们自由地在空中移动着。碰到舱壁时，就黏附在上面了，像是花瓣上的露珠一样。加加林小心翼翼地解开安全带，轻而易举地离开坐椅，开始向舷窗飘浮。当他从窗口看到下面的整个地球时，情不自禁地叫了起来：“真是太美了！”是的，地球看起来像个大圆球，色调浓艳，五彩缤纷，一个蔚蓝色的光环套着地球。这条环带一点点加深，逐渐变成海蓝色、深蓝色、紫色，最后转变成浓墨般的黑色，非常赏心悦目。正当加加林陶醉在欣赏地球美妙的景色之中时，突然，一下子全黑了下来，飞船进入了地球的阴影带。从舷窗向外看去是黑暗的深渊，满天的星斗。宇宙中的星辰亮极了，它们不闪动，发出平稳的冷光。10 时 15 分，“东方 1 号”“宇宙飞船”环绕地球一周飞近非洲大陆上空。10 时 25 分，飞船开始减速进入稠密的大气层。加加林透过舷窗，看见了包围着飞船的熊熊大火和惊心动魄的紫红色反光。但是，尽管他置身在一个迅速下降的大火球里，座舱内的温度却仍然只有 20℃。在大约 7 千米高空，加加林从座舱里弹射出来，用降落伞降落在苏联的一个村庄附近，很快被接回莫斯科去了。人类历史上第一次载人航天飞行就这样顺利结束了。

1968 年 3 月 27 日，加加林和飞行教练员在一次例行训练飞行中，因一架双座喷气式飞机坠毁而罹难。年仅 34 岁的“人类进入太空第一人”加加林就这样离开了人世。

智慧人生

加加林的太空之行开启了人类探询宇宙空间的新纪元，在他之后，苏联和俄罗斯相继有 100 多名宇航员先后飞入太空。为纪念加加林首次进入太空的壮举，俄罗斯把每年的 4 月 12 日定为宇航节，在这一天举行隆重的纪念活动，缅怀这位英雄人物。

“探月计划之父”吉洪拉沃夫

人造地球卫星——“斯普特尼克 1 号”的出世，造就了一个新时代。除了发射这颗卫星的运载火箭的总设计师科罗廖夫之外，这颗卫星的总设计师吉洪拉沃夫同样功不可没。

吉洪拉沃夫于 1900 年 7 月生于弗拉基米尔城，少年时代就开始涉猎齐奥尔科夫斯基的著作，对宇航事业发生了浓厚的兴趣。吉洪拉沃夫 19 岁时志愿参加苏联红军，25 岁时毕业于茹科夫斯基空军工程学院，工作后曾研制出一批创纪录的滑翔机。1927 年，吉洪拉沃夫结识了科罗廖夫，后来他们一道加入了火箭研究小组并倡议建立了喷气推进研究小组。他们在莫斯科的一间地下室里开始着手研制火箭发动机。

1931 年，莫斯科成立了“反作用研究小组”。一年多后，研究小组创建了实验火箭工厂，这个厂的厂长就是科罗廖夫。当时，实验厂下设四个组，其中第二小组由吉洪拉沃夫领导，他负责研制火箭发动机。就是在这里，吉洪拉沃夫研制出了苏联第一枚液体火箭 09 号。这是一种采用胶状汽油和液氧作推进剂的火箭，被称为半液体火箭。1933 年 8 月 17 日，09 号半液体火箭发射成功，飞行高度 0.4 千米。几天后，另一枚改进的 09 号半液体火箭上升了 1.5 千米。

第一枚试验液体火箭发射成功以后，吉洪拉沃夫萌生了研发人造卫星的思想。他认真研究了齐奥尔科夫斯基的《宇宙火箭列车》《火箭最高速度》等著作，论证了就当代火箭发展水平而言，能够获得第一宇宙速度发射卫星所必备的条件。1934 年 2 月 17 日，吉洪拉沃夫去卡卢加城会见齐奥尔科夫斯基，受到了这位宇航先驱的教诲。老人家在询问了吉洪拉沃夫的有关情况后，为他的研究计划拟定了一批重要的研究项目。吉洪拉沃夫由此确定了自己的目标：研制人造地球卫星。同年，他在一次会议上提出：用火箭把人造地球卫星发射到同温层和宇宙空间去。可不久后，第二次世界大战爆发了，苏联全力投入到伟大的卫国战争中去，于是这个设想只有到了卫国战争结束以后才提上了计划日程。吉洪拉沃夫组织了一个专家小组，进行了大量的计算和研究，证明当时单级火箭最多只能达到每秒 7 千米的速度，而且仅考虑到使用最好的推进剂，而未计入空气阻力等因素的影响。因此认为，只有靠多级火箭的接力来加大推力，才有可能达到每秒 7.9 千米的第一宇宙速度。

吉洪拉沃夫研制人造卫星的设想，曾遭到一些人的冷嘲热讽，有人认为这是不现实的，把吉洪拉沃夫讥笑为“怪人”。但吉洪拉沃夫不以为然，不但不改初衷，还倡议成立一个特别小组，探讨制造人造卫星的理论问题。1948 年 6 月，他申请在一个学术年会上报告自己的研究成果，然而有些科学家把他的报告说成是“幻想文学”，在“浪费时间”。但科罗廖夫支持他，并建议把他的研究成果列入研究所的研究计划。后来，吉洪拉沃夫在另一个年会上作了题为《在现代技术条件下借助多级火箭达到第一宇宙速度和制造人造地球卫星的可能性》的报告，引起了人们的注意。当时科罗廖夫正在研究的单级火箭速度可达到 3 千米/秒。在此基础上，吉洪拉沃夫在报告中完成了对二级火箭的分析工作，提出完全可以把较重的卫星送上地球轨道。鉴于他的科学论证更加充分，科罗廖夫保持了吉洪拉沃夫的“卫星”小组，并在 1953 年把这个小组吸收进了设计局。

1954 年，吉洪拉沃夫提出了论证人造地球卫星可行性和必要性的建议。他在建议中指出：“目前所进行的新产品研制情况，允许我们考虑在近几年内制造人造地球卫星的可能性，适时合理地组建科研机构，以便对卫星的研究工作进行初步的探索。”科罗廖夫和科学院院长凯尔迪什都表示赞同。1956 年 1 月 30 日，他们一致决定开展研制人造卫星的实际工作。

1957 年 6 月，苏联设计制造出了第一颗人造卫星——斯普特尼 1 号。8 月 31 日，科罗廖夫和吉洪拉沃夫一致决定进行卫星和运载火箭的联合试验。火箭和卫星于 9 月初相继被运到发射场。10 月 4 日，人类第一颗人造卫星成功发射升空。此后，吉洪拉沃夫又为苏联载人“宇宙飞船”

和星际探测器的研制做出了许多贡献。1974 年 3 月 4 日，吉洪拉沃夫在莫斯科逝世，终年 74 岁。

知识链接

吉洪拉沃夫设计的“斯普特尼克 1 号”卫星总共在太空飞行了 92 天，第二年 1 月 4 日“寿终正寝”，坠入大气层烧毁。尽管它其貌不扬，尽管它“真正所能做的只是发出蜂鸣声”，但它却先声夺人地宣告：人类从此进入了太空时代。

火箭安全操控专家比留金

航天运载工具一般包括火箭结构、动力装置、控制系统三大部分。火箭飞行，首先离不开动力装置，因此作为火箭动力装置的火箭发动机的发展，对于运载火箭的成败有举足轻重的作用。如果把发动机比喻为运载火箭的心脏，那么控制系统就犹如运载火箭的大脑。控制系统保证运载火箭的稳定飞行和准确进入预定轨道。因此控制系统的发展，对于运载火箭的性能起着至关重要的作用，决定着宇宙航行的命运。在火箭的控制装置方面，苏联著名的火箭专家比留金做出了突出的贡献。

比留金生于1908年。早年丧母，生活艰难。1926年随父自原列宁格勒迁居莫斯科，中学毕业后进入中央航空气动力研究所当钳工，又被选派到颇负盛名的莫斯科包曼高等工业学院仪表系深造，毕业后回到航空气动力研究所任工程师。1944年他领导了一个飞行自动化小组，开始从事火箭控制系统的研究工作。第二次世界大战结束不久，他参加专家小组赴德国考察火箭技术发展情况，参与接收工作。比留金带着工具到处收集废墟中遗存的火箭仪器设备，特别注意寻觅作为火箭“感觉器官”的控制系统，以便探索新的研制途径。

1947年起，比留金承担研制苏联第一枚远程火箭自动控制系统的任务，一年后通过试验，取得很大进展。接着参与研制P—2火箭的控制系统并获得成功。这种控制系统虽然复杂一些，但仍和自动驾驶仪类似，技术上没有特殊要求，后来在研制P—5火箭过程中，新的控制系统失去稳定，谁也搞不清可靠性差的原因在哪里。虽然当时既没有任何模拟试验设备，也无电子计算机，一切都要靠自己的聪明才智，另辟蹊径，寻找症结，但比留金却知难而进，亲自试验，动手计算。他终于发现这是一种火箭静态非稳定现象。这就是说，切不可把火箭看成是刚体，火箭具有弹性，又装有液体燃料，控制系统中的陀螺仪表必然引入附加误差。为了解决这个问题，必须研制一个控制火箭发动机参数的系统，即所谓视速度调节系统。这个系统能够控制火箭飞行保持在稳定状态。比留金攻克了这个难关，使火箭控制系统前进了一大步。

1957年8月21日，苏联发射世界上第一枚P—7洲际火箭。这种火箭更加复杂，有大量调节参数。比留金成功地解决了它的控制问题。这一新型洲际火箭成为苏联研制从“卫星”号到“联盟”号运载火箭的基础，从而得以可靠地把一颗颗卫星、一艘艘飞船送入太空轨道飞行。

比留金在火箭控制系统领域不断探索和创新，矢志不渝地改进和完善火箭控制系统。电子计算机刚刚问世不久，他就大胆地把它引入到航天器上来。除了在运载火箭上采用外，还曾把它装在“月球9号”自行星际站上，首次实现了探测器在月面软着陆。在他的领导下，苏联研制成功了各种“宇宙飞船”和自行星际站的控制系统。

比留金不幸于1982年病逝。作为同科罗廖夫一起担任苏联航天总设计师委员会的6名成员之一，比留金默默无闻地为火箭控制系统的发展做出了巨大贡献，载入了苏联航天史册。

智慧人生

从一名普通工人成长为世界著名的火箭控制专家，比留金的故事告诉我们：科学大师们的成才之路、成功之路其实就是一条创新之路。科学研究没有捷径可走，只有经过千锤百炼，才可能取得最后成功。

列昂诺夫的首次太空行走

随着航天事业的迅猛发展，如今，宇航员在太空行走已不算什么新鲜事了，尤其是美国和俄罗斯的宇航员，为了建造和修理空间站，他们需要经常到太空中去漫步，甚至一待就是几个小时。然而，人类进行第一次太空行走就不是那么简单了。因为当时对舱外活动所要遇到的各种情况还知之甚少，因而太空行走就被认为是一种风险极大的事情，搞不好宇航员可能有去无回，成为“人体”卫星。最早成功进行太空行走的是苏联宇航员列昂诺夫。

1965年3月18日上午10时，苏联“上升2号”飞船从拜科努尔发射场升空。这次被选为执行任务的宇航员有两名，一位是驾驶员列昂诺夫，另一位是指令长别利亚耶夫。结果飞船刚一起飞，就遇到了麻烦，本来应该进入距地球300千米的预定轨道，但运载火箭却过分卖力，实际高度达到了500千米。按照原定计划，飞船围绕轨道飞行第一圈时，列昂诺夫就开始进行出舱准备。他身上系了一根与飞船相连的缆索，长5.35米，内有一根电话线，目的是与飞船保持联络，防止宇航员飘离飞船。但直到第2圈，列昂诺夫才打开了向内开的舱门。11时34分51秒，地球上的人们从电视上看到了这样的景象：当“上升2号”飞越里海上空时，气闸舱的圆形舱盖开始移动并逐渐开启，接着，身穿航天服的列昂诺夫先从舱口伸出了他戴着头盔的脑袋和肩膀，然后是整个身体。地面指挥中心听到列昂诺夫从太空中传来的声音：“我正在脱离。”接着又传来两遍同样的声音：“人——外——出——到——宇宙——空间啦!”人们从电视的荧光屏上看到，列昂诺夫的动作过程像是潜水员从潜水艇中进入海底，只不过潜水员通过的是水闸，宇宙中的危险性不知要比水中的危险性大多少倍。由于飞船和宇航员都处于失重状态，空间漫步不是在走，而是在飘。动作稍有疏忽，宇航员就会飘离飞船而永远回不来了。为了保证安全，一根长 5 米的缆索把宇航员紧紧拴住。缆索中的电话线保证了舱内外两名宇航员的通话，电缆线还把舱外宇航员在宇宙空间的一切生理感觉、生物功能测量数据传回座舱并发回地球。

列昂诺夫本应该做更多的操作，但此时却出现了意外，他心率失常，紧张出汗，已经不允许他再继续下去了。持续了仅 10 分钟的太空行走，不得不匆匆结束。可就在这个时候出现了麻烦。一开始，列昂诺夫每次把相机放进气闸舱时，它都会被气闸室中的微小气压冲出来，飘出舱外。折腾了半天，他硬把相机推进通道，先把一只脚伸进气闸室，然后将相机的背带放在脚下踩住，这才将它放入，可身子却被卡在了舱门口，怎么也回不来。这是真正的危险，由于太空是真空的，列昂诺夫身上的航天服鼓胀起来，如同气球一般。气闸舱门口的断面直径只有 120 厘米，而膨胀的航天服直径竟然达到了 190 厘米。列昂诺夫接着又拼命钻了几次，仍然无济于事。他情不自禁地失声喊道："我回不去了！不行，我来不及了。我回不去了……"地面指挥中心的人们听着无线电波传递下来的叫喊，万分焦急。此时，留在座舱里的别利亚耶夫眼看列昂诺夫处境危险，却只能是干着急，帮不上忙。几番挣扎之后，列昂诺夫已经筋疲力尽。他气喘吁吁，呼吸的频率增加了一倍，体温上升超过了 38℃，心率达到每分钟 190 次。由于大汗淋漓，头盔的面罩蒙上了一层水汽，眼前一片模糊。一次次徒劳无益的尝试，使得他几乎完全丧失了生还的信心。也正是在这危急时刻，宇航员平时艰苦枯燥的反复训练奇迹般地发生了作用。列昂诺夫事后回忆说：我当时快要昏迷过去了，但突然有那么一瞬间，我一下子记起了以前失重训练时的那些情景。冥冥之中，就好像教练员在耳旁提醒我说：嗨，小伙子，航天服的腰部设有四个按钮，每一个按钮都可以释放掉服内 1/4 的空气。当航天服压力过大时，这是唯一的减压办法。列昂诺夫开始给航天服泄压，航天服终于瘪了下来。列昂诺夫在太空行走了 12 分零 9 秒，但为了挤进舱门他又拼力花了 12 分钟。为此，他的体重减少了数千克，靴子里积聚了 6 升汗水。

飞船飞行到第 19 圈时，指令长别利亚耶夫用手操纵校正了飞船的方位，启动了制动装置。但就在别利亚耶夫和列昂诺夫驾驶飞船向地球掉头返航时，座舱内的氧气压力发生了异常，温度急剧升高。他们所有的操作都没有产生作用。两人再度陷入绝望。也不知道什么时候，两个人被一种类似爆炸的声音惊醒了。他们的第一反应都以为飞船正在发生爆炸，但是飞船里并没有任何爆炸燃烧的迹象。再一细加观察，舱内的氧气压力在慢慢下降，竟逐渐恢复了正常。两个人稍稍松了口气，开始踏上归途。但是，新的危险又扑面而来——飞船自动导航定位系统也发生了故障。他们决定冒险采用手动方式着陆。最终手动操作也出现了失误，飞船呼啸而下，偏离预定落点 3 200 千米，最后落到了大雪覆盖的原始森林深处。舱外此时正下着暴风雪，狼群在四周不时号叫。两位宇航员十分艰难地爬出舱门，按照以往野外生存训练中的程序，架好天线，发出呼救信号。因为他们偏离得太远了，指挥中心和他们失去了联系。3 月份的天气很冷，本可以御寒的降落伞在落地时挂在了树梢上，本应提供一个遮风避雪之处的飞船，人却不能进去，因为舱内的制冷空调一直在工作，他们费了半天劲也无法关上。列昂诺夫最惨，由于多达 6 升的汗水全留在航天服内，着陆后，他只好冒着严寒，脱下航天服，光着身子把衣服拧干。第二天，正满世界搜寻的回收人员终于从空中发现了他们。由于是在原始森林之中，搜救直升机无法降落，只好先给他们空投了一些食品以及白兰地和防寒服。漫天呼啸的暴风几乎把这些东西全给吹散了，所幸他们还捡到了几根香肠。第三天，别利亚耶夫和列昂诺夫才走出森林，赶到了 9 千米外的临时停机坪。完成了这次历时 26 小时 2 分钟的惊险征程后，列昂诺夫被授予苏联英雄称号。

知识链接

科技上的第一步，有着巨大的技术风险，但每一次探索式的迈步，又都可能意味着是最精彩的第一步。列昂诺夫就是这样开创了航天史上的新一页的。

宇宙飞船开发专家切洛勉

在苏联的航天活动中，“质子号”运载火箭赫赫有名。它是在总设计师切洛勉的领导下研制成功的，现已成为世界上使用最频繁的一种运载工具。

切洛勉是与科罗廖夫同时代的航天科学家。他于 1914 年 6 月 30 日出生在谢德列兹市的一个教师家庭。1937 年毕业于基辅航空学院。1940 年被苏联科学院授予博士学位，在青年时代就在航空科学领域展露才华。从 1942 年起，切洛勉开始从事火箭设计工作，他在德国 V—1 导弹的基础上研制出了一种火箭。在 1947 年 8 月 3 日举行的空军节上，切洛勉设计的飞航火箭在检阅队伍中大放异彩。后来，随着弹道导弹的兴起，巡航导弹逐渐走入低谷。于是，切洛勉决定转变研究方向。1959 年，切洛勉建立了自己的设计局，开始研究用冲压火箭技术开发“宇宙飞船”。在向领导人们展示了他的这些计划后，切洛勉意识到必须付出艰苦努力才能从科罗廖夫设计局占据的航天大蛋糕上切下一块来。于是，切洛勉决定加深与第一书记赫鲁晓夫的交情——他让赫鲁晓夫的儿子来他的设计局担任主设计师。通过大量幕前幕后的努力，1960 年 5 月 30 日，在科罗廖夫向苏联领导人提交的航天计划中，终于有了切洛勉的名字。切洛勉后来被推上了航天工程总设计师的职位。在他的一生中，参加领导了多种火箭型号的研制工作，其中最引人注目的就要算是“质子号”运载火箭了。

1961 年，切洛勉向赫鲁晓夫提出了一个庞大的洲际导弹发展计划，在这个计划中，UR500 是一种两级型的“全球火箭”。但是 UR500 最终没有被军队接受，而是决定用于航天发射。1965 年 7 月 16 日，UR500 在拜科努尔发射场执行了第一次任务，将质子 1 号科学考察卫星送入太空，UR500 火箭从此得名“质子号”。

质子号是目前世界上运载能力最大的火箭之一。它先后有二级、三级、四级等三种型号。其中最大的四级质子号运载火箭，可将 21 吨的有效载荷送入200千米高的低地球轨道，可把5吨的有效载荷送入地球同步转移轨道。目前所有型号的质子号火箭都只能从哈萨克斯坦境内的拜科努尔航天发射场发射。在拜科努尔的81号和200号发射阵地各有两个质子号发射工位，火箭以水平方式运输至发射台，然后起竖、发射。

质子号运载火箭全长45.8米，四级加装上有效载荷的尖头部位长度可达58米，底部最大直径7.4米，起飞重量约800吨。第一级长20.2米，由6台助推器组成，中心是一个直径较大的氧化剂箱，四周捆绑6个燃料箱，起飞推力约1 000吨。第二级高13.7米，装有4台发动机，总推力为240吨。第三级高6.4米，装有一台发动机，另有4个校正航向的可控微调发动机，约产生3吨推力。第四级高5.5米，有一台封闭式循环发动机，可二次点火。第一次点火在火箭到达200千米左右高的地球轨道上为宜，使第四级和有效载荷进入远地点为35 800千米的大椭圆转移轨道；第二次点火把有效载荷推入准同步圆形轨道，第四级分离，有效载荷由专门的发动机控制，漂移在预定的地球同步轨道上定点运行。这就是质子号运载火箭发射地球同步卫星的整个过程。

1965年7月16日，质子号运载火箭首次发射，将重达12.2吨的卫星送入近地点190千米、远地点630千米的地球轨道，成为通向航天站的第一个里程碑。1971年4月19日，新型“质子号”运载火箭发射成功，将重17.5吨的礼炮1号轨道站送入轨道。1971—1978年，相继发射6个火星号探测器。1974年苏联了发射第一颗对地静止轨道卫星“宇宙637”号。1975—1983年连续发射了金星探测器。1984年发射了两个探测哈雷彗星的“维加”号探测器。1986年，质子号把和平号轨道站送入轨道。

在20多年里，“质子号”为苏联的宇航事业立下了汗马功劳。1984年12月8日，在航天技术发展史上做出过突出贡献的切洛勉去世了，但他所架设的通天桥梁依旧高耸在太空，永远为世人所景仰。

知识链接

切洛勉设计的“质子号”系列的运载能力远逊于美国“阿波罗”计划中使用的土星5号火箭，但自它问世以来，一直是苏联在发射大型航天器时的主要运载工具。苏联解体后，俄罗斯将质子号火箭投入国际市场，十分受客户青睐。截至2007年，“质子号”已经执行了40多次商业发射任务。

第一个太空行走的女人

随着第一位宇航员加加林的升空，人们朝着梦想终于迈出了第一步，迄今为止已有相当多的宇航员乘坐“宇宙飞船”离开了地球，有的甚至将足迹印上了另一个星球——月球。然而，由于宇宙飞行对体力、智力的严格要求，以及飞行过程中充满了不确定性和危险性，使相当长的一段时间内，“宇航员”的荣誉只能属于男性。打破男人对宇航员的垄断的是苏联巾帼英雄——捷列什科娃，她是世界上第一位飞上太空的女宇航员。

捷列什科娃出生在远离莫斯科的雅罗斯拉夫城，她的父亲在第二次世界大战中战死，她的母亲在一家工厂工作，独自抚养着三个孩子。小捷列什科娃白天在一家纺织厂干活，晚上则去夜校学习，儿时的梦想是当一名工程师。捷列什科娃很喜欢运动，擅长滑雪和游泳，并且多次横渡过伏尔加河，还参加了航空俱乐部的跳伞活动。

1961 年，加加林成为世界上第一名宇航员。捷列什科娃如同所有的苏联姑娘一样，将加加林作为自己心中的偶像。她和航空俱乐部的女友们一起联名给有关部门写了一封信，强调男女平等，并呼吁派一位女子登上太空。令她惊喜的是，没过几天，所有在信上署名的姑娘都被邀请去了莫斯科。在莫斯科，集合了许多来自全国不同地区的姑娘，大家的目标是一致的：成为太空第一位女宇航员。考核是严格的，经过了三个月的各种类型的试验，有医学、体育、还有特殊使命方面的，经过层层筛选，幸运女神最终降临在了捷列什科娃的身上。

1962 年 2 月 16 日，捷列什科娃成为被选中的进行太空飞行训练的 5 名女宇航员之一。当听到自己的名字时，捷列什科娃的心里顿时无比兴奋充满了且征服太空的信心。从被选中到第一次执行太空飞行任务，中间历时两年，在这段时间内，捷列什科娃接受了种种宇航员所必需的严酷的训练。

世界第一个女宇航员是在飞行前两周才决定的，要在捷列什科娃和索洛维约娃中做选择。在当时的时代背景下，“阶级立场”是重要的标准之一，捷列什科娃出身工人阶级家庭，索洛维约娃则出身知识分子家庭。于是，最终选择了捷列什科娃。

1963年6月16日，捷列什科娃乘坐“东方6号”“宇宙飞船”升空。捷列什科娃的原定飞行时间为一天，由于她感觉身体状况很好，于是向地面指挥中心提出延长在太空停留时间的请求，地面指挥部于是允许她多飞了2天。她测试了飞船的控制系统，拍摄了地球、月球和一些恒星的照片。通过无线电与“东方5号”“宇宙飞船”上的宇航员拜可夫斯基通了话。“东方5号”比她早2天进入轨道。捷列什科娃绕地球运行48圈后，于6月19日返回。这一次，捷列什科娃一共飞行了70小时40分49秒，绕地48圈。当她随着降落伞飘然而落时，成千上万等候在地面上的人向她涌来，祝贺她勇敢地完成了航天史上的一次壮举。

“第一位女宇航员”的称号，使捷列什科娃在当时的苏联获得了极高的荣誉——她被授予了苏联英雄称号。1966年，她当选为苏联最高苏维埃代表，从此开始投身于社会活动。

知识链接

女性宇航员的选拔是严格而苛刻的，参选女性要接受各种比男性宇航员更为艰苦的项目考验。作为世界上第一个飞入宇宙的女性，捷列什科娃被誉为“民族英雄”“世纪女性”。至今，进入太空的女宇航员已达40余人，她们为航天事业付出了更为艰辛的努力。

约翰·杨的六次太空之行

美国宇航员约翰·杨是航天史上宇航员生涯最长、执行任务最多的宇航员之一。他是第一个6次进入太空的人，两次去过月球。到2006年为止，他还是唯一操纵过4种航天器的宇航员。

约翰·杨出生于1930年9月。32岁时，约翰·杨作为第二组宇航员的成员进入美国国家航空航天局。在双子星3号原来的指令飞行员谢泼德被禁飞后，他的搭档托马斯·斯塔福德也随之被杨替换。约翰·杨因此成为了第二组宇航员第一个获得太空任务的成员。在与维吉尔·格里森一道执行双子星计划第一次载人任务时，约翰·杨还创下了美国航天史上的另一个“第一”——将一块牛肉三明治悄悄带上了飞船，因而受到美国国家航空航天局的严厉批评。这给他的宇航员生涯涂上了一个小小的污点。1965年3月23日，约翰·杨乘双子星座3号飞船首次升空，完成了对双子星座飞船的全过程试验。

1966年7月18～21日，作为双子星座10号飞船的指令长，他第二次进入太空，完成了预定太空交会的任务。1969年5月18～26日，约翰·杨以“阿波罗”10号飞船指令舱驾驶员的身份第三次进入太空，完成了月球交会和跟踪设想中的月球着陆点的任务。

1972年4月16～27日，约翰·杨第四次进入太空，执行“阿波罗”16号登月任务，他担任飞船指令长。在与杜克漫步月球的过程中，约翰·杨开着月球车，杜克当乘客，他们以每小时 17 千米的速度行进。当然沿途也要排除路障，每挖到一块石头，他们都会把它举到摄像头前问地面控制中心："要不要这一块?"在得到肯定答复后，再装到塑料袋里。他们还收集了近 100 千克月岩样本，驾驶月球车在月面上行驶了近 30 千米。

1981 年 4 月 12 日至 14 日，是约翰·杨作为指令长乘哥伦比亚号航天飞机进行的第五次太空飞行。这是航天飞机的首次载人飞行，在历时 54 个半小时的飞行中，航天飞机绕地球飞了 36 圈，验证了发射、在轨和载入过程中各系统的性能。哥伦比亚号航天飞机成为世界上第一个在跑道上着陆的载人飞行器。

1983 年 11 月 28 日至 12 月 8 日，约翰·杨作为指令长乘哥伦比亚号第六次进入太空，飞行中，约翰·杨和其他 5 名宇航员一起，进行了 94 项科学试验，带回大量科学技术数据。此外，约翰·杨还是另外 5 次太空飞行的候补宇航员。他模拟训练的时间超过 15 000 小时。在飞机和航天器上度过的时间超过 15 100 小时，其中 6 次太空飞行累计时间为 835 小时。

"挑战者号"航天飞机事故发生以后，约翰·杨公开对美国宇航局管理层表示不满，于 1987 年 4 月被调离宇航员职位。2004 年 12 月 31 日，74 岁的约翰·杨正式退休，他在航空航天局工作了 42 年。

知识链接

作为美国历史上第二批宇航员的一员，约翰·杨对美国航天史上最初的几个航天计划都有过贡献。作为历史上唯一一个在双子星、"阿波罗号"航天飞机计划中都担任过指令长的宇航员，约翰·杨可以说是人类航天史上的一位传奇人物。

华裔登空第一人王赣骏

1985年4月29日，美国“宇宙飞船”“挑战者号”载着7位科学家和2只松鼠猴及24只白鼠在美国佛罗里达州卡纳维拉尔角升空。“宇宙飞船”上5位科学家中包括2名医生、2位物理学家和1名化学工程师。其中两位物理学家中的一位就是王赣骏博士——第一位进入太空的华人，也是第一位在太空从事自己设计的科学实验的科学家。

王赣骏祖籍中国江苏盐城，1940年6月16日生于江西南昌，童年在上海度过，10岁随家迁往台湾、香港。1963年在美国攻读物理，获博士学位，1972年在美国国家航空和航天局下属的喷气推进实验室工作。同任何一位有建树的科学家一样，王赣骏为跻身于当今人类科学的尖端科研行列，不知付出了多少汗水。1982年，美国宇航局终于开始在科学家中招募有效载荷专家到太空执行技术性较强的任务。消息一经传出，几万名科学家踊跃报名。王赣骏怀着忐忑不安的心情走进这几万人的应试者队伍中。

在美国，有成千上万名科学家都梦想能登上航天飞机，可是要进入太空搞科学实验，不仅要有科学家的高超本领，还得有飞行员的强健体魄，所以美国国家宇航局规定的挑选条件非常苛刻。经过挑选，最早参加训练的科学家有几百名，一年半后被淘汰剩下4个人。经过反复的口试、体检、反应测试和观察，最后，只剩下王赣骏和另一位美国科学家。3年中，王赣骏博士进行了6 000多次失重训练，克服了各种困难终于取得了飞上太空的资格。

1985年4月29日，王赣骏搭乘“挑战者”航天飞机进入太空，开始了7天的太空飞行。这次飞行中，王赣骏做了一项“失重条件下液滴状态研究”的太空科学实验。在航天飞机上，他放了一个空箱子，从箱子的一边伸进一根细管，液滴从这个管子的口中“吐”出，吐出时液滴的大小可以调节。从箱子的四壁发出声波来驱动漂浮在空箱中的液滴，由摄像机和电子计算机记录下液滴形状变化和运动情况。宇航员也可透过箱子的玻璃口观察液滴的变形与运动。试验由王赣骏亲自操作。在失重情况下操作试验是不容易的事，因为拿在手中的工具无论大小都没有重量，手的动作幅度掌握不好的话，或者手边的工具不小心一碰，就会飘得无影无踪。飞行一开始，液滴试验设备就发生故障。王赣骏连夜抢修，加班加点，1 天工作 15 小时，花了 2 天时间才修好，终于成功地进行了失重条件下液滴形状和运动的实验研究，取得了大量宝贵的资料。

王赣骏在太空所做的失重条件下的液滴动力实验，即在失重状态下的流动力学研究，不仅对研究液体在失重条件下的变形和运动具有理论意义，而且为在失重条件下悬浮冶炼技术奠定实验基础，同时对无重力无容器情况下的物质加工也有重要的应用价值。

知识链接

飞上太空的宇航员都有一项“特权”，一些有纪念意义的小物品经检查和登记后，可以随宇航员飞上太空。作为第一位进入太空的华人，王赣骏在 1985 年访问中国时，将他带上太空的一面中华人民共和国国旗赠给中国政府，以表达他对故土的深切情意。

张福林的七次太空之旅

从加加林开始，宇航员就成为亿万人瞩目的焦点，也是地球人心目中真正的天地英雄。1981 年 8 月，美国宇航局出现了第一位华裔职业宇航员——张福林。

张福林于 1950 年出生在哥斯达黎加，襁褓中就随家人搬到委内瑞拉居住。8 岁那年，也就是 1957 年，第一颗人造卫星的发射改变了他的一生。母亲告诉张福林，天空中多了一颗新的星星，它是我们人类制造的。终有一天，人类将能建造太空飞船，坐在里面探索天上的秘密。神秘的太空从此迷住了张福林，他决心成为一名太空探索者。不久，张福林一家又迁回了哥斯达黎加。此时，张福林还只是一个普通的男孩，过着平常的生活。不过，他在学校里算得上是名模范生，而且很早就流露出对实验科学的兴趣。20 世纪 60 年代，人类的太空探索梦想一步步走向现实。张福林跟踪月球探险的每一条新闻，他再次沉醉在九天揽月的美梦中，再次把自己未来的职业与科学家和太空探索者挂钩，想前往美国，加入职业宇航员的行列。而此时的张福林，中学还没有毕业。

1968 年 8 月，张福林离开了哥斯达黎加。走之前，他已中学毕业，并做了 9 个月的银行交易员，有了 50 美元存款。他的父亲资助了他一张飞机票钱，住在美国康涅狄格州首府哈特福德的一家亲戚欢迎他前去与他们住在一起。对张福林来说，美国是片全然陌生的土地。他甚至不会讲英语，张福林不得不首先学习英语，同时想办法上大学。

一年后，张福林幸运地获得了康涅狄格州立大学的全额奖学金，进该校攻读机械工程学。他的确够幸运，因为他的国籍哥斯达黎加与美国的波多黎各少数族裔的英文写法与发音非常类似。张福林所获的奖学金原本只针对美国公民，实际上他没有资格得到。学校后来意识到这个错误，并通报康涅狄格州议会。州议会最终网开一面，张福林的奖学金保住了。

就在这一年，“阿波罗”11号宇航员登上了月球，张福林目睹了整个过程，但宇航员这个职业梦想似乎比在哥斯达黎加时离他更加遥远。登月成功后，美国的太空计划似乎已经结束。上千的宇航工程师正在被解雇，塞翁失马，焉知非福。这反而激发了张福林的另一种热情———科学研究。大学毕业后，他进入麻省理工学院攻读等离子物理和核工程专业，同时依旧充满热情地关注着宇航领域，并开始研究远程太空探索所必需的核能。

1977年，张福林从麻省理工学院毕业，获得了应用等离子物理和聚变技术的博士学位。同年他获得了美国国籍。然而，对张福林来说，最重要的事情是，经过多年沉默后，美国宇航局宣布为航天飞机计划招募新的宇航员。张福林说，这一切来得太突然了，宇航如此之近，似乎伸手可及。张福林当即参加了宇航员的甄选，可惜未被录取。两年后，美国宇航局第二次招募宇航员时，张福林一路绿灯。1981年8月，张福林成为美国宇航局第一位华裔职业宇航员。

1986年1月12日，张福林和6名美国宇航员一道，乘哥伦比亚号航天飞机上天飞行。这次飞行开始并不顺利，曾7度推迟发射日期。在7天的太空飞行中，他们成功地施放了一颗通信卫星，进行了20多项材料工艺、天体物理、生命科学等实验，但未能全部完成。张福林为此感到遗憾，表示要再上太空飞行。这个愿望在将近4年后实现了。1989年10月18日，张福林乘亚特兰蒂斯号航天飞机参加第二次太空飞行。在这次飞行中，他同4名美国宇航员合作，成功施放重2.5吨的伽利略号木星探测器，还收取了对地球起保护作用的臭氧层的数据，开展了聚合物的加工、培植玉米和晶体生长等实验，研究了失重对人体的影响。

至2002年，张福林已先后7次飞入太空，待在天上的时间超过了1 600小时，其中还包括三次共约19小时31分钟的太空行走。2004年，美国《发现》杂志评出了第十四届太空科学技术创新奖。在 6 位获奖者中，张福林名列第一。

知识链接

张福林是迄今为止进入太空次数最多的华裔宇航员。在 1998 年执行第 6 次飞行任务时，张福林曾替诺贝尔物理奖获得者丁肇中主持的一项科研计划从事高能物理的实验，希望发现反物质，试图打开宇宙之谜，该次飞行也促成两位杰出华裔科学家合作的佳话。

焦立中 6 小时的太空行走

在美国国家航空航天局的历史上，前后有 4 名华裔宇航员，分别是王赣骏、张福林、焦立中和卢杰；其中，焦立中保持了至少 3 项纪录——第一个在太空行走的华裔宇航员、第一位国际空间站的华裔站长、第一位从太空投票选举总统的宇航员。此外，他还是在太空停留时间最长的美国宇航员之一。

焦立中祖籍山东，1960 年出生于美国威斯康星州。与许多同时代出生的美国人一样，焦立中最早的宇航员梦想来源于 1969 年美国“阿波罗”号载着 3 名宇航员成功登月。当年，大约有 100 万人前往肯尼迪航天中心观看登月发射。那时，焦立中 8 岁，与全世界数亿人一样，通过电视看到了美国宇航员阿姆斯特朗小心翼翼地先将左脚伸出舱门，踏上了月球。

20 世纪 80 年代中期，焦立中在加州大学圣塔芭芭拉分校读化工研究专业，他首次向太空总署提出申请成为宇航员，但因未完成学业及没有工作经验遭到拒绝。1987 年，焦立中获得博士学位后，先后进入美国赫氏公司和劳伦斯 · 利物摩尔国家实验室工作，参与研制太空复合材料。1990 年 1 月，焦立中经过不懈努力，最终从 2 500 多名候选者中脱颖而出，进入美国宇航局受训，并于次年 7 月通过严格甄选与考核，如愿以偿成为一名正式宇航员。

1994 年 7 月 8 日，34 岁的焦立中搭乘“哥伦比亚”号航天飞机进入太空，成为美国太空总署第 196 位获得“太空出差”机会的宇航员。那一次，他在太空待了 353 小时 55 分钟，绕地球转了 236 圈。按照规定，进入太空的宇航员都被准许带一些小的私人物品，通常宇航员都会带一些小纪念物或家人的照片以慰相思之情。焦立中第一次上太空时带了一面小小的中国国旗。返回地面后，他把这面五星红旗和在太空中拍摄的海南岛东海岸的照片作为礼物送给中国，以此表达一个华夏子孙的赤子之情。

由于表现优异，在完成首次太空飞行两年后，焦立中再度获得升空机会，这次他搭乘“奋进”号航天飞机飞天，并成为第一位执行太空漫步任务的华裔，两度到舱外测试组装国际太空站的技术设备。

2000 年 10 月，焦立中搭乘“发现号”航天飞机第三度升空，这次是航天飞机第 100 次太空飞行。在为期 13 天的任务当中，重头戏是装配“国际太空站”，7 位宇航员从地球上搬来重达 9 吨的 Z1 支架，作为太空站八扇太阳能板的基石，Z1 支架同时包括四个大型回转仪，当太空站绕着地球回转的时候，它可发挥控制太空站方位的重要功能。Z1 支架一并含带两套通信系统，一个向地球转播现场的录像画面，另一个可让地球上的科学家观察国际太空站所做的实验。这次任务中的最后一项工作，是安装一具重 2 000 磅的圆锥形舱门接合器，当航天飞机下次造访时，可作为两者接合的另一个舱口。美国宇航局还替这次飞行安排了 30 小时的“太空漫步”，由两组人马到舱外进行国际太空站的装配工作。焦立中在这次任务当中一共出舱两回，共计 13 小时 16 分钟。返回地球后，他被任命为休斯敦太空中心宇航员办公室“舱外漫步”主任，足以说明他执行这项任务时，表现优异。

2005 年 4 月 25 日早晨 6 时 08 分，一艘俄罗斯“联盟号”飞船降落地面，这标志着首位华裔太空站站长焦立中的最后一次太空之旅的结束。几个月后，焦立中光荣退休。在他 15 年的宇航员生涯中，先后搭乘哥伦比亚号、奋进号、发现号航天飞机和俄罗斯“联盟号”宇宙飞船四度升空，共进行过 6 次太空漫步。

知识链接

包括焦立中在内，共有4名华裔宇航员在美国哥伦比亚号、挑战者号、发现号、亚特兰提斯号和奋进号航天飞机执行的114次飞航任务中，先后15次飞上太空。可以断言，人类向太空探险的工作将随着岁月流转而继续前进，相信华人在太空探险领域也定会做作出更多贡献。

火箭之王钱学森

从1956年到1968年，短短的12年间，中国在一无资料、二无技术、经济基础薄弱、外国专家突然撤走的情况下，克服重重困难，自行设计、制造、试验并成功地发射了导弹、原子弹和人造地球卫星，取得了进入世界军事强国行列的入场券，令世人刮目相看。“两弹一星”，石破天惊！全世界爱好和平的人民欢欣鼓舞，帝国主义胆战心惊。这一伟大成果是全国许许多多劳动人民团结奋斗的结晶，更是火箭、导弹和卫星的总设计师钱学森精心绘制的杰作。

钱学森祖籍浙江杭州，1911年12月生于上海。18岁那年，钱学森考入上海交通大学机械工程系学习。他在上海交通大学成绩优异，各门功课都在90分以上，获得免交学费的奖励。从上海交通大学毕业后，钱学森考取了清华大学留美学生。20世纪30年代的美国，正值资本主义世界经济危机时期。虽有罗斯福总统提出“新政”，但也难以解决各种矛盾，特别是劳动就业的激烈竞争问题。在学校和工厂，种族歧视的行为和目光随处可见。1935年，钱学森在麻省理工学院航空系学习初期，面对某些美国同学傲慢地讥笑中国愚昧落后现象，他不服气地挑战说：“中国现在是比你们美国落后，但作为个人，咱们人比人，你们谁敢和我比试？”后来，只用了一年时间，他就获得航空硕士学位，为中国人争了气。然而，中国学生在麻省理工学院毕业后，要到美国的航空工厂实习，却不受欢迎。这迫使钱学森将专业研究方向由航空工程转为航空理论。好在这也正是他的志趣和特长所在。1936年，钱学森从美国东海岸的波士顿，来到西海岸的加州理工学院，专程拜见世界著名的力学大师冯·卡门，没想到他们第一次谈话就给冯·卡门留下非常深刻的印象。冯·卡门觉得这个文质彬彬的年轻人，一脸认真的神情，对他提出的所有问题都回答得十分精确、简明，非同寻常，钱学森的聪慧和敏锐深深地打动了他。因此，冯·卡门欣然接纳他为自己的博士研究生。

1945 年初，美国政府为了抢先接管和获取德国的火箭研究技术，决定派遣冯·卡门率领一批技术专家前往德国考察和摸底，钱学森也是考察组成员之一。为行动方便，他们都被军方授予军衔，冯·卡门是少将，钱学森是上校。他们考察的第一站是设在不伦瑞克附近森林中德国空军的一个秘密研究所，它由纳粹头子、空军司令戈林直接领导。这个由 56 幢建筑组成、人员上千的空军研究机构，设有研究导弹、飞机引擎的成套设备。光写出的秘密研究报告就有 300 万份，重达 1 500 吨！钱学森与考察团成员详细地察看了研究设备，分析了技术成果，并审讯了有关研究人员。

在慕尼黑，考察团遇到了从德国“V—2”火箭基地逃出来的 400 多名工程技术人员，其中包括著名火箭专家冯·布劳恩、普朗特。考察团审讯了这些人之后，获悉了一个惊人的事实：虽然当时的“V—2”火箭只有 200 英里射程，但德国已经着手研制一种射程为 3 000 英里的远程火箭，它足够打到美国纽约。这表明德国的火箭导弹技术已赶在美国前面。回到美国后，钱学森向空军领导人作了十分精彩的汇报。为此，他获得了空军司令阿诺德上将的通令嘉奖。美国军方在总结第二次世界大战的军事技术工作时，对钱学森做出了很高的评价，赞扬他为反法西斯战争的胜利做出了“巨大的无法估量的贡献”。1947 年，刚刚 36 岁的中国科学家钱学森，被美国麻省理工学院聘为终身教授。

新中国成立后，钱学森准备回国，美国有人认为：钱学森的专业技术如果带回去，中国的科学技术将高速前进。海军的一位领导人曾对美国负责出境的官员说：“我宁可把钱学森枪毙了，也不会让他离开美国！钱学森至少值 5 个师的兵力。”钱学森的回国计划受到严重的阻挠。美国官方“文件”通知他，不准离开美国。本来，他的行李已经装上了驳船，准备由水路运回祖国。可美国海关硬说他准备带回国的书籍和笔记本中藏有重要机密，诬蔑钱学森是“间谍”。其实，这些书籍和笔记本，一部分是公开的教科书，其余都是钱学森自己的学术研究记录。一波未平，一波又起。几天之后，钱学森突然被逮捕，关押在一个海岛的拘留所里，受到无休止的折磨。看守人员每天晚上隔10分钟进室内开一次电灯，使他根本无法入睡。钱学森的遭遇，引起加州理工学院中坚持正义的同事和学生的同情，在他们和其他正直人士的强烈抗议下，美国特务机关被迫释放了他。可对钱学森的迫害并没有停止，他们限制他的行动，监视和检查他的信件、电话等。尽管有种种限制，但钱学森没有屈服。他不断地提出严正要求：坚决离开美国，回中国去！

5年过去了。钱学森争取回国的斗争得到世界各国主持正义的人们的支持，更得到了中国政府的极大关怀。周恩来总理曾亲自了解他的情况，并指示参加中美两国大使级会谈的中国代表，在会谈中提出钱学森博士归国问题。1955年8月，这场外交斗争终于取得了胜利，美国被迫同意钱学森返回中国。

冲破重重阻拦而回国的钱学森，一头扎在了军事科学的研究中。根据中国的现代工业基础和科学技术水平，他提出了发展现代火箭技术的意见，并以奔放的热情投身到创建中国的航天事业中。他受命参与火箭研制的领导组织工作。在中国第一枚自行设计的火箭发射成功之后，发射人造地球卫星被提上了日程。当时，钱学森实际上是卫星、火箭和地面设备整个大总体的技术总指挥，在最关键的问题上，他总是冲在最前沿。有一次，一院为解决火箭滑行段喷管控制问题进行了半仿真试验，结果出现了箭体剧烈晃动的异常现象，设计人员有些不知所措。钱学森来到试验现场，认真听取了各方意见。以他丰富的学识，他十分有把握地认定，火箭的滑行段已濒临失重状态，而地面的仿真试验并不代表空间运行的实际情况，因此，“晃动”不会影响飞行。钱学森一语定乾坤，使得火箭的研制节节提速。

“东方红一号”卫星发射成功后，1970年五一劳动节的夜晚，钱学森在天安门城楼上与毛主席、周总理站在一起，兴致勃勃地昂首遥望节日的夜空，寻找我们中国人自己的那颗会唱歌的星！

钱学森后来长期担任中国火箭和航天计划的技术领导人，对航天技术、系统科学和系统工程做出了巨大的和开拓性的贡献，被誉为中国“导弹之父”。

知识链接

1991 年 10 月 16 日，党和国家鉴于钱学森全心全意为人民服务以及他对中国科技发展的杰出贡献和对国防事业的伟大成就，特别授予他“国家杰出贡献科学家”称号和一级英模奖章。党和国家最高领导人特意为一位科学家举行授奖仪式，这在共和国的历史上还是首次。

中国火箭专家杨南生

长征一号是为发射我国第一颗人造地球卫星东方红一号而研制的三级运载火箭。它的一、二级火箭采用当时的成熟技术，第三级则是新研制的以固体燃料为推进剂的火箭发动机。以此为开端，我国固体火箭事业从无到有、从小到大，实现了快速发展。在这个过程中，火箭专家杨南生做出了巨大的贡献。

杨南生 1921 年生于缅甸仰光市，祖籍福建。他 1 岁多随父母回国，因父亲求职无着，长期颠沛于北京和福建两地之间，直到 1929 年上小学后，才在北平（今北京）安定下来。高中毕业后，杨南生离开北平去上海，费尽周折取得了一份英国护照，才得以通过日军封锁，从海路到越南，再辗转进入昆明，考入西南联合大学（简称西南联大）航空系就读。杨南生爱科学，尤迷航空，所以选择航空为志愿。但是，在他了解到国民政府航空委员会的腐败内幕，进而对当时那种只修不造的航空业有了清醒的认识，意识到学成之后仍然报国无门，于是他痛苦地终止了对航空的迷恋，转入西南联大机械系学习。

1943 年暑期，杨南生修完了机械系课程，受聘到昆明中央机器厂任职。1945 年，他又回母校任材料力学助教，逐渐对这一学科产生了兴趣。抗日战争胜利后，杨南生随清华大学迁回北平，为刚回国的钱伟长开设的现代应用力学问题新课程当助教，由此获益匪浅，坚定了他从事力学研究的志向。

1947 年，杨南生考取公费留学，赴英国曼彻斯特大学深造。出国前，他征询了钱伟长的意见，选定了塑性力学为研究方向。经过三年的刻苦学习，于 1950 年获取博士学位。学业刚一结束，他便立即准备回国。经过斗争，他与妻子及同学数人，才得以持一份“无国籍人士”护照离英，几经周折，转经香港，于1950年10月回到祖国。

1958年秋，中国科学院遵照毛泽东主席“我们也要搞人造卫星”的指示，组建卫星研制机构，杨南生被委任为1001设计院负责人之一，负责运载火箭的设计。1964年7月19日，杨南生亲自组织指挥了我国第一枚生物火箭——T7A的发射。在火箭起飞前，由中科院生物所送去的一批可爱的大白鼠、小白鼠以及装有各种生物的试管，被放入火箭头密封舱内。随着一声指令，火箭带着这批小生命，扶摇直上70千米高空后，又随着降落伞安全返回地面。这批巡天使者，连同它们搭乘的火箭，揭开了中国火箭生物试验的序幕。

1964年8月，杨南生珍藏起周恩来总理的任命书，挥别繁华的大都市，匆匆赶往位于四川的中国固体火箭发动机研制基地，任四分院副院长。当时，四分院的固体发动机被选为长征一号火箭的第三级，由于“东方红一号”卫星上没有入轨发动机，火箭第三级就当然地承担了入轨发动机的任务。为此，该院成立了工程领导小组，杨南生被任命为组长。为了解决药柱表面裂纹和发动机不稳定燃烧问题，杨南生带领技术人员，反复试验，经过多次试车及冲击、振动等试验，终于在1965年7～8月里，取得了6次飞行试验全部成功的佳绩。这标志着中国已经有能力自行研制以固体复合推进剂为动力的火箭发动机，这是固体火箭发展史上的第一座里程碑！

1965年冬，四院从泸州迁至内蒙古。千里冰封、万里雪飘的北国边陲上，新中国固体火箭的研制工作刚刚开始，“文化大革命”的浊浪便疯狂袭来。研制工作遭到巨大干扰，基地近于瘫痪，连工作、生活不可或缺的车辆，也不再发动。但恶劣的自然条件，可怕的政治动乱，丝毫动摇和摧垮不了杨南生的意志。终于，沙原深处，试验站的高高试车台上，一个发动机，周身捆绑着几个助推火箭，待命点火。1968年1月26日，发动机第一次做旋转试车。30秒，15秒，没有能再往下数，发动机猛然爆燃，如脱缰的野马，吼叫着飞出了试车台……杨南生立即组织力量检查、分析。他指导工作人员先后解决了两个关键问题后，之后的19次试车，均获成功。

1970 年 4 月 15 日，杨南生起草的长征一号火箭第三级的报告，与任新民起草的第一、二级报告和戚发轫起草的卫星部分的报告，被一起呈送到周恩来总理的案头。党中央很快批准了这份不寻常的报告。1970 年 4 月 24 日，共和国第一颗人造卫星由“长征一号”送上天宇，第三级发动机的最后一推，把卫星准确送入预定轨道，《东方红》乐曲从此传遍全球。

知识链接

杨南生是我国航天事业的卓越创业者。他为我国固体火箭事业从无到有、从小到大的发展做出了巨大的贡献。除了用于发射第一颗人造卫星的固体火箭之外，我国的第一枚可返回式卫星制动固体火箭以及第一枚用于水下发射的固体火箭都是在他的主持下研制成功的。

中国运载火箭专家孙家栋

在中国的航天史上，他还是中国第一枚导弹总体、第一颗人造地球卫星、第一颗遥感探测卫星、第一颗返回式卫星的技术负责人、总设计师。他是中国第一颗通信卫星、静止轨道气象卫星、资源探测卫星、大容量通信卫星、北斗导航卫星等应用卫星大系统的总工程师，他还是中国“嫦娥一号”探月卫星工程总设计师。他的传奇人生与中国航天多个第一联系在一起，他就是著名的航天工程技术专家——孙家栋。

孙家栋生于1929年，是辽宁省复县人。18岁那年，他带着憧憬从家乡考入哈尔滨工业大学。当时，新中国开始组建空军，品学兼优的孙家栋作为急需的俄语翻译人才被选送入伍。并且被选送到了苏联著名的茹科夫斯基空军工程学院学习飞机设计、维修及管理。1958年，孙家栋以优异的成绩毕业，还获得了斯大林金质奖章。就在他载誉而归的前一年，一列从莫斯科出发的专列抵达北京，车上载有苏联送给中国的一份“厚礼”——两枚P—2近程导弹。回国后不久，孙家栋进入国防部五院一分院导弹总体设计部，从事仿制苏联P—2导弹到国产东风导弹的研制工作。

1958年，毛泽东代表中国，用他那浓重的湖南乡音向太空递上了一份战书：“苏联和美国把人造卫星抛上了天，我们也要搞人造卫星!”这一份战书改变了孙家栋的命运。1967年，他被抽调改行研制卫星。

发射卫星是一个庞大而复杂的系统工程。早在1958年，中国科学院的许多专家和研究人员就开始了中国第一颗卫星的研究设计工作。就在孙家栋组织研制“东方红一号”卫星的时候，法国也发射了人造卫星，成为第三个能发射卫星的国家，日本也在紧锣密鼓加快准备。1965年10月，国家确定了1970年发射卫星，实现卫星要“上得去、抓得住、听得到、看得见”的总体目标。

为了让卫星升空后能让地面“看得见”，孙家栋和同事们绞尽了脑汁。根据对卫星目视亮度的计算，卫星很暗，地面上根本看不见，于是他们就和搞火箭的同事商量，后来终于想出了一个“借光”的办法。让末级火箭和卫星一起运行，并且在末级火箭上安上一圈增加亮度的观测裙。这样，卫星不就可以借光，让地面上看见了吗？

1970年3月21日，“东方红一号”卫星终于完成总装任务，达到了发射要求。历经12年风雨磨难，中国有史以来的第一颗人造地球卫星问世了。这颗卫星虽然在世界上排名第五，但在工业基础薄弱，经济尚不发达的中国，完全依靠自己的力量研制成功，并且水平不低，着实令全世界吃了一惊。“东方红一号”卫星上的全部元器件、设备和材料，以及许多理论和技术难关的攻克，都是中国自己的产品和成果，它是中华民族智慧和精神的结晶。

在主持了“东方红一号”卫星的总体设计方案不久，孙家栋又主持了中国第一颗返回式遥感卫星的总体设计工作。1978年，孙家栋在全国科技大会上对中国返回式卫星的研制经过作了专题发言。针对中国返回式卫星的多项科研成果，大会给予了隆重的表彰。中国成了除美国和苏联之后第三个掌握卫星返回技术的国家。

“东方红一号”卫星发射成功后，孙家栋相继担任了第二颗人造卫星、第一颗返回式卫星、第一颗静止轨道试验通信卫星的技术总负责人和总设计师，参加并领导了其他各类卫星的研制和发射工作。1984年4月8日，中国第一颗试验通信卫星发射成功并进入静止轨道。但在卫星向定点位置漂移过程中，星上蓄电池发生了预想不到的热失控现象，这可能使蓄电池损坏甚至使整星失败。孙家栋大胆果断地做出大角度姿态调整和执行应急技术方案的决定。而实施这一方案，超过了姿态控制系统的设计范围。经过全体工作人员紧张而认真地工作，卫星故障终于得以克服。1984年4月16日，卫星成功地定点于东经125°赤道上空，卫星上的设备工作正常。第一颗静止轨道试验通信卫星为中国通信事业翻开了崭新的一页，也使中国成为世界上第五个发射地球静止轨道卫星的国家。

1986年，孙家栋担任了“东方红三号”通信卫星工程的总设计师。

1987 年，他又主持了“风云二号”气象卫星工程和中国与巴西合作研制“资源一号”地球资源卫星工程，而每项航天工程都由人造卫星、运载火箭、发射场、测控通信及卫星应用五大系统构成，五大系统中的每个系统均设有总师，孙家栋由于负责上面三项航天工程，因此被人们尊称为“总总师”。

知识链接

作为“东方红一号”等多颗卫星工程的总设计师，孙家栋是在发射现场见证中国卫星第一次发射和第一百次发射的唯一的航天人。2003 年，已是 74 岁高龄的孙家栋被任命为我国探月卫星工程的总设计师，这标志着中华民族千年奔月之梦开始启动。

巨浪之父黄纬禄

当德国的“V—2”火箭袭击英国伦敦时，有一位中国青年工程师在那里目睹了这个历史性事件，他就是后来成为中国航天技术创始人之一的黄纬禄。

黄纬禄于1916年12月出生在安徽省芜湖市。20岁时，黄纬禄考进原南京中央大学电机系。1940年，他从中央大学毕业后来到重庆山沟里的一个无线电器材厂工作。1943年，英国工业协会来中国招收一批“实习生”，他以优异成绩通过了各项考试，来到英伦三岛。到了英国后，黄纬禄等人被安排到工厂去实习。不久，他又考上伦敦大学无线电专业的研究生，从此，他每天在工厂、学校、住所这三点之间往返，每天工作学习达14个小时之上。黄纬禄常常顾不上吃饭，就在街头随便买个面包充饥。黄纬禄在英国实习之时，恰是第二次世界大战酣战之际。在那里，他目睹了德国“V—1”“V—2”导弹轰炸伦敦的一幕幕情景。所谓“V—1”导弹也就是无人驾驶飞机。其命中率较低，落到伦敦区就算命中了目标。其方位是用相当于指南针的陀螺来控制的，飞行距离由所带燃料多少来控制。发动机声音很大，很远便可听见。燃料燃尽时，发动机即刻停止工作，机体便俯冲下来，落地爆炸。黄纬禄学会听导弹声音来判断自身安全。即听见声音在很远处就不必慌张，若声音过了头顶就绝对安全了。怕就怕声音在正前方不远处骤然停止，导弹很可能会俯冲到自己身旁。

英国工厂有条明文规定：实习生可以晚到半小时，即八点半上班。一天，一枚“V—1”就在他晚来的半小时里落在了他实习区的窗外。他一到厂就见自己的办公室被炸得破损不堪，与他一起的五位英国人，当场死了四位，另一位在送往医院途中死去。当初，英国歼击机的速度没有“V—1”快，对付“V—1”很困难。英国为反击“V—1”，很快研制出了喷气机。喷气机伺机在海峡上打掉“V—1”。面对喷气机的威胁，德国纳粹又改用“V—2”导弹，它速度较“V—1”快得多，每小时飞上千千米。不久后，英国情报部门搞到一枚没有爆炸的“V—2”，放在皇家展览馆公开展出。黄纬禄围着导弹转悠了好多圈。这时，他心中萌发了一个愿望：回国后一定要制造出中国自己的导弹来。

1947 年，黄纬禄获得硕士学位后回国，任职上海无线电公司研究所。新中国成立后，黄纬禄被分配到上海华东工业部电工研究所任研究员，20 世纪 50 年代中期，奉调至北京通信兵部研究所任研究员，不久，中国第一枚火箭研究机构成立，黄纬禄旋即调入国防部和第五研究院专司火箭控制系统的研究工作，逐渐成长为我国火箭控制系统专家，历任“东风一号”火箭副总设计师兼控制系统总设计师，“东风二号”火箭副总设计师，“东风三号”副总设计师，人们亲切地称他为“火箭老总”。

20 世纪 60 年代末，我国政府作出研制潜地导弹的重大部署。1970 年，黄纬禄由液体导弹控制系统总设计师转任潜地导弹总体设计师。潜地导弹是在水下核潜艇上发射的，这就有不同于陆地导弹发射的技术条件，有诸多陆地导弹没有的技术问题，比如克服水中阻力的水下弹道问题、弹体封密问题，因潜艇的晃动或行进又需解决发射点的位置、平台调平的基准等问题。众多技术难题都在黄纬禄与同事的通力合作中得到圆满解决。限于国力，当时又侧重研制液体导弹，另加“文化大革命”的阻挠，起初多年的研制工作近于停滞，仅仅能做些初步的小型试验，可谓含辛茹苦、步履维艰。这种状况一直持续到 1978 年末才渐渐有了起色。起色有了，还得从节约经费出发。原计划在西部挖建一个大池子引黄河水做水下试验，且已开始动工。但多数人认为应该免修这项工程，直接拿到海上试验。黄纬禄支持大家的意见，如实把意见向上反映。最后在钱学森主持的研制单位和使用单位的协调会议上，才最终确定去海上试验。经地上和水下反复试验，潜地导弹已具备了发射的条件。

1982 年春，在北京召开总师会议，为潜地导弹发射作最后的技术和组织准备。黄纬禄宛如快接近终点的长跑运动员，迈出了百米冲刺的步伐。为确保发射万无一失，他日日夜夜带着几度困扰他的胃溃疡病坚守在现场，对技术上的每个细小环节，都事必躬亲、仔细检查，对每份技术参数都详尽核实。一次某导弹总装测试时，有一个继电器偶尔出现了一次该吸合而不吸合的现象，后来大家又反复测试几十次，这个现象却再不复现。有的同志认为可能不是继电器本身的问题，准备放过去。黄纬禄严肃地说："我们搞科学的就要有科学态度，不能有'大概''可能'，一定要抓住这个'偶尔'不放，查它个水落石出。"说着他就和大家一起测试、分析。结果发现是继电器衔铁上一个微小铁屑所致。后来，"抓住'偶尔'不放"便成了人们的一句口头禅。

1982 年 10 月 12 日这天，秋高气爽。我国渤海海域碧波万里，天空湛蓝无云，海面荡着细小的波浪，不似往日狂澜怒吼，显得温顺祥和。在下午的一个瞬间，潜地导弹如蛟龙腾跃出水面，打破了海面上宁静的画卷，喷吐着白色的云柱直刺高空，云柱如蚕吐丝，越吐越长，在海天之间绘出一幅壮丽的景观……

当我国潜艇水下发射运载火箭成功的喜讯传遍全国的时候，神州大地万众欢腾。因为潜地导弹完全是依靠我国自己的力量生产出来的。它让中国成为世界上能够自行设计、自行发射潜地导弹的第四名成员。

知识链接

1999 年 9 月 18 日，在中华人民共和国成立五十周年之际，党中央、国务院、中央军委隆重表彰为我国"两弹一星"事业做出突出贡献的 23 位科技专家，并授予他们"两弹一星功勋奖章"。"火箭老总"黄纬禄获此殊荣。"两弹一星"中的"两弹"一个是指原子弹和氢弹；另一个是指导弹；"一星"则是指人造地球卫星。

中国运载火箭第一人王希季

1999年9月18日，雄伟的北京人民大会堂灯火辉煌。中共中央、国务院和中央军委联合召开的“表彰为研制‘两弹一星’做出突出贡献的科技专家大会”在这里隆重举行。江泽民主席亲手将金光闪闪的“两弹一星功勋奖章”佩戴在我国空间事业开创人之一——王希季院士——的胸前。

1921年，王希季出生在云南昆明的一个白族家庭。1938年，北大、清华和南开大学迁往昆明，组建成国立西南联合大学。这一年秋，刚刚读完高一的王希季在一位同学的怂恿下参加了西南联大的高考。结果他榜上有名——被西南联大机械系录取了。从西南联大毕业后，抱着科学救国的一腔热血，王希季赴美国弗吉尼亚理工学院留学，攻读动力和燃料专业，并获得学位。1949年10月，正在攻读博士学位的王希季听到新中国成立的消息，喜不自禁，毅然放弃了美国政府为留住中国留学生给予的优厚待遇，几经艰苦辗转，于1950年年初回到祖国的怀抱。

王希季本打算投身能源工业，为国家建设大电站，但经不住大连工学院的劝导，便答应先到这里当一名教书先生。1958年，王希季所在的系被调整到上海交通大学，当他准备赴德国教学两年时，突然接到了去上海机电设计院报到的通知。那年，他只有37岁，被任命为设计院的技术负责人，承担中国第一枚探空火箭的研制任务。

1959年，国家经济遇到暂时困难，拨给火箭研制的费用很少，刚刚起步的中国航天事业举步维艰。王希季他们暂时抑制住向太空腾飞的渴望，从结构简单、体积较小、无控制的气象模型火箭开始，因陋就简，用最原始的手段进行着进入太空的科学探索。他们用辘轳绞车代替吊车，把火箭吊上发射架；用自行车的打气筒给燃料加压；用电动和手摇计算器4小时不间歇地进行计算，每计算一条弹道，计算用纸就要摞半人高。就这样，仅用了短短9个月的时间，由王希季主持研制的我国第一枚液体燃料探空火箭T—7M就奇迹般地诞生了。

1960年2月19日，在上海郊区一个用稻田改建成的简易发射场上，T—7M已经昂然屹立在发射架上，它的飞行高度预计为8～10千米。发射场上没有电，隔着一条蜿蜒的小河，在用芦席围起来的“发电站”里，一台借来的50千瓦的发电机已经开始工作。由于没有任何通信设备，王希季站在用麻袋堆积起来的半人高的“指挥所”里，用挥舞的手势和大声的喊叫，指挥着T—7M的发射。点火后，火箭直冲云霄。王希季冲出“指挥所”，扯开已经嘶哑的嗓子和大家一起忘情地欢呼起来。这次试验成功，是中国自行研制的液体火箭技术取得的一个具有工程实践意义的成果。5月28日，毛主席亲临上海新技术展览会，兴致勃勃地参观这枚飞行高度只有8千米的探空火箭模型。他鼓励大家说：“应该是8公里、20公里、200公里地搞上去!”此后的十年里，上海机电设计院先后研制成功了包括气象、控测、生物试验、核爆取样和技术试验等几个类型的18个型号的控空火箭，其中王希季就负责了12个型号。

1965年，历史再次将一个充满挑战而又令人羡慕的机遇赋予了王希季——主持中国第一个卫星运载火箭“长征一号”总体方案的论证和设计工作。王希季研究了大量的资料，并根据我国国情和技术基础，创造性地把探空火箭技术和导弹技术结合起来，把液体与固体推进剂火箭组合起来，提出了以中程液体火箭为第一级与第二级，加上一枚固体火箭作为第三级的卫星运载火箭的技术方案，形成了我国征服太空的第一枚航天运载火箭——“长征一号”。这是一个伟大的创举！是中国航天器进入太空的第一次大胆尝试。1970年4月24日21时31分，我国第一颗人造卫星“东方红一号”在“长征一号”运载火箭的巨大轰鸣声中腾空而起，带着中国人的壮志与豪情飞上了太空。

时隔不久，中国第一颗返回式卫星的型号设计工作也落在了王希季的肩上。高度的信任化作巨大的动力，他带领着已经积累了一定设计和研制经验的队伍，开始了更为深入也更为艰苦的探索。从茫茫太空中将卫星召回地面，再令其准确地降落在预定地点，谈何容易！美国曾经一连发射了12颗返回式卫星，但它们都不听指挥地“叛逃”了。第13颗虽然从天外摇摇晃晃地跑了回来，却无视主人给它划定的范围，一头扎进了波涛汹涌的大海。

1975年11月26日，中国第一颗返回式卫星终于穿云破雾飞上了太空。当人们沉浸在发射成功的喜悦中时，王希季却提着简单的行李匆匆地赶往卫星测控中心。他的任务还没有完成，他还要等待着送走的那颗卫星再听话地返回地面。3天后，天空中终于出现了那顶红白相间的降落伞。在王希季看来，那是盛开在天空中的一朵最美的奇葩。伞下拽着的，就是那个让他望眼欲穿、被大气层烧得黑糊糊的回收舱。它飘过崇山峻岭，准确地落到了预定的回收地点。这颗卫星的回收成功，使中国成为继美国、苏联之后，世界上第三个掌握卫星返回技术的国家。从那以后的几十年时间里，我国发射了20多颗返回式卫星，王希季负责提出的这个卫星方案，一直是返回式卫星系列的基本方案。而且，以此为基本型逐步形成的返回式卫星系列，也是我国成本最低、发射数量最多、成功率最高的卫星系列。

王希季是我国最早研究载人航天技术的专家。研制宇宙飞船的工作重新启动之后，王希季是“神舟”总体论证的高层负责人。按照常规，高层负责人是不必负具体责任的，可他却“不顾身份”地参与进来，为解决穿舱等技术难题做了不少具体的工作。“神舟”号飞船成功地完成了首次无人飞行试验后，王希季又根据国际载人航天活动的最新动态，为我国的载人航天技术如何进一步发展献计献策。

智慧人生

有时，一些小的成功，看起来似乎在某个时刻就消失了，但它有时往往会变成另一项巨大成功的起点。当年王希季攻克的卫星返回技术难关，为日后我国宇航员搭载神舟飞船顺利飞天并安全返回地面奠定了坚实的基础。

航天学科猜想

空天飞机遥想

航空和航天是两个不同的技术领域，但随着科学技术的进步，科学家们正在逐步把航空和航天飞行器朝着有机地结合成一体的方向推进。近年来，世界上出现了一种将航空航天技术结合在一起的飞行器方案，这就是空天飞机。

1986 年 2 月 4 日，也就是“挑战者”号航天飞机失事一个星期后，美国宣布研制航空航天飞机“东方快车”，以逐步取代航天飞机。顾名思义，空天飞机是一种集飞机、运载器、航天器等多重功能于一身，既能航空又能航天的新型飞行器，其奥妙之处在于它的动力装置。这种动力装置既不同于飞机发动机，也不同于火箭发动机，这是一种混合配置的动力装置。空天飞机安装有涡轮喷气发动机、冲压发动机和火箭发动机。涡轮喷气发动机可以使空天飞机水平起飞，当速度超过每小时 2 400 千米时，就使用冲压发动机，使空天飞机在离地面 6 万米的大气层内以每小时 3 万千米的速度飞行；如果再用火箭发动机加速，空天飞机就会冲出大气层，像航天飞机一样，直接进入轨道。返回大气层后，它又能像普通飞机一样在机场着陆。

空天飞机作为一种高超声速运输

机，具有推进效率高、耗油低、载重量大、飞行时间短等优点，是实现全球范围空运的一种经济而有效的工具。例如美国正在开发的新型空天飞机，在有人驾驶时，它能在普通机场水平起飞，然后在大气层内飞行。按照此时的飞行速度，从美国纽约飞往日本东京只需 2 小时；它还可以在地球大气层外的轨道飞行，此时的飞行速度为25 倍声速，仅需 90 分钟就能绕地球一周。除了用作常规的民航机外，这种空天飞机还可代替现有的航天飞机进行太空飞行。其起飞质量不到第一代航天飞机总重的 1/5，也就是约 500 吨，而运载能力则提高了两倍多，可达 60 吨以上，这样就可大幅度降低航天运输费用。另外，空天飞机还具有重要的军事价值，可作为战略轰炸机、战略侦察机和远程截击机使用，这对进一步发挥战略空军的作用具有重要意义。

据估计，在未来航天时代，为了开发和利用太空资源，世界各国向太空运送人员、物资和器材的任务每年将达到数千次之多，空天飞机一旦投入使用后将立即显现出其优势。

目前，航天飞机运送每千克有效载荷进入地球轨道的费用达 11 607 美元，而空天飞机的预计运输费用至少可降到目前航天飞机的 1/10，甚至可降到 1％。另外，空天飞机的发射费用也要比航天飞机低很多，这主要是因为它不需要专门的发射场，而且可以重复使用。预计第一代空天飞机可以重复使用 200～500 次，而且完成一次飞行任务后，经一周的维护就能再次起飞，能适应频繁发射的需要。

空天飞机可能成为 21 世纪最先进、最经济、最有效的航天运载工具，它将代表着今后数十年内航天运载技术的发展方向。相信在不久的将来，人类就可以方便快捷地进入太空，到那个时候，“登天”就不再是难事了。

知识链接

目前设想的空天飞机有单级型和两级型这两类。单级型以英国的“霍托尔”为代表。它长 162 米，水平起落，发射费用为航天飞机的 1/5。两级型空天飞机以德国研制的“桑格尔”为代表，它由驮运飞机和轨道器组成。发射时，驮运飞机飞 30 千米以后，轨道器上的火箭点火，速度加到更大。

太空之帆

1969 年 7 月，当 3 名美国宇航员乘坐阿波罗 11 号宇宙飞船实现具有历史意义的登月之旅时，20 多米高的运载火箭共携带了 2 500 吨燃料。为了摆脱庞大的运载工具，长期以来，人们一直设想开发一种以阳光为能源的航天器——“太阳帆”飞船。

著名天文学家开普勒在 400 多年前就曾设想不需要携带任何能源，仅仅依靠太阳光能就可使宇宙飞船驰骋太空。20 世纪初，几位科学幻想小说家曾写过有关用反射镜面推动宇宙飞船的故事。但太阳帆飞船这一概念到 20 世纪 20 年代才明晰起来。1924 年，俄国航天事业的先驱齐奥尔科夫斯基和同事灿德尔明确提出了利用太阳帆进行星际航行的设想。此后，许多科学家作了长期探索，直到 20 世纪 70 年代后期，美国和苏联才开始提出太空帆设计方案，开始考虑用光能推动航天器。

我们知道，光是由没有静态质量但有动量的光子构成的，当光子撞击到光滑的平面上时，可以像从墙上反弹回来的乒乓球一样改变运动方向，并给撞击物体以相应的作用力。因为在太空中运行的航天器处于失重状态，又无空气阻力，所以只要加少许力的作用，就会改变航天器的运行方向和速度。太阳帆接受光压的作用，不仅可以在需要时改变航天器的运行轨道，而且将以每秒约 1 毫米的速度加速移动。如果把它当作真正的宇宙飞行器使用，那么它在展开光帆 1 天后，按理论计算，它的时速将提高到 160 千米，100 天后飞船的时速将达到 16 000 千米，如果它能持续飞行 3 年，速度会被提升到每小时 24 万千米，这可是人类任何飞行器都没有达到过的速度，要比第二宇宙速度快 6 倍，比第三宇宙速度快 4 倍！如果用它来探测冥王星的话，可以在不到 5 年的时间里到达，而最快的传统飞船至少需要 9 年。

1976 年，美国喷气推进实验室的科学家提出建造一艘太阳帆飞船，与 1986 年返回太阳系的哈雷彗星相会。但美国宇航局认为这一方案面临的风险太大，并没有同意这个建议。1999 年和 2001 年，俄罗斯也曾两次发射太阳能飞行器，但均以失败告终。

但科学家们对太阳帆宇宙飞行器的研究并未终止。2005 年 6 月 22 日，备受瞩目的全球第一个太阳帆宇宙飞行器——“宇宙一号”——要进行一次全新的尝试了。当日凌晨 4 时 46 分，“宇宙一号”从位于巴伦支海的俄罗斯核潜艇上顺利升空，踏上了遨游太空之旅。在发射最初的 6 分钟，地面接收到的信号表明飞船一切正常。根据预定计划，“宇宙一号”在发射升空后，首先被送入距离地面 824 千米的轨道接受地面控制人员的各类测试；然后，它将历时 101 分钟环绕地球飞行一圈；此后，地面控制人员将发出无线指令，要求“宇宙一号”开始展开八面巨大而轻盈漂亮的太阳帆。就在人们还沉浸在喜悦的气氛中时，15 分钟后突然传来一个不幸的消息：“宇宙一号”与地面失去了联系。

虽然屡遭挫折，但宇航专家们坚持认为，太阳帆飞船能靠阳光漫游太空，不需携带燃料并能一直加速，是未来唯一可以送人类到达遥远的太阳系外星系的航天器。

学科猜想

宇航专家们预测，未来的太阳帆飞船将依靠绕地球轨道运行的一台强力激光器和一个置于土星和海王星间的巨型聚焦透镜提供能量，以 1/10 光速的速度飞行，在 40 年时间内到达距地球最近的阿尔法半人马座恒星。此后，借助另一颗恒星发出的光继续飞行。

人造“天梯”

1910年，灿德尔提出了一种空间升降机的设计方案，用一根近6万千米长的绳子从月球伸到地球，人们可以沿这条绳子运送货物，就像用索道运送货物一样；1978年，著名科幻作家阿瑟·克拉克出版了科幻巨著《天堂之泉》。他设想从位于地球静止轨道上的一颗卫星上向下伸展出一个梯子，直达地球赤道表面，人们即可像乘坐电梯一样到太空中去游览观光并运送货物；21年后的1999年，美国宇航局发表了《天梯：太空的先进基础设施》一文，标志着“天梯”将从幻想走向现实。

2004年6月30日，在华盛顿召开的第三届国际天梯会议上，专家们对天梯这一宏伟构想进行了探讨。时隔仅仅9个月，2005年3月23日，美国宇航局正式宣布太空天梯已成为世纪挑战的首选项目。以研究天梯而著称的美国科学家爱德华兹在论文中写道：“天梯可以使人类历史实现跳跃性的发展。”他认为自己构想中的初版天梯可能在2019年问世，其成本大约为70亿～100亿美元，与人类其他大型太空工程相比，这项费用并不算太高。

爱德华兹是这样描述天梯的建造过程的：第一步，把一个携带天梯半成品的飞船或航天飞机发射到地球静止轨道上，使其和地球同步飞行；第二步，把这个半成品的天梯从飞船上放下来，落到赤道海面的一个平台上，这个平台类似一般的海上发射卫星的平台；第三步，把半成品的天梯锚定在平台上；第四步，用一个由激光提供能量的爬升器在这个半成品的天梯上上下移动，并把更多“缆绳”拧在天梯半成品上，进一步完成天梯。

计划是制订出来了，可用什么材料来制造既要异常坚硬又要特别轻巧，而且还能抵抗所有腐蚀的“缆绳”呢？1991年，日本科学家发明了纳米碳管，这种材料的质量虽然是钢的1/6，但韧度要比钢高出几百倍，问题是生产成本太高。2004 年，英国科学家宣布，他们成功地用纳米碳管组成的纤维织成了“纳米绳”。因纳米碳管的直径是一根头发直径的 1/5 000，其刚度是钢材的 10 倍，其硬度是金刚石的 2 倍，故而由它们构成的“纳米绳”虽然很细，但刚度和硬度都很大，将来可用于建造太空天梯。

我们知道，航天器围绕地球飞行而掉不下来的速度是随着距离地面的高度而变化的。轨道高度越低，地球引力就越大，所需要的飞行环绕速度也就越大，反之亦然。如果天梯上每一点线速度所产生的离心力都小于当地的地球引力的话，就无法与地球引力相平衡，最终整个天梯只能是连同飞船一块回落到地面上。如何才能防止天梯掉下来呢？办法就是从地球静止轨道的飞船上再向上建造一个上天梯，使其产生的离心力合力能够平衡下天梯受到的地球引力的合力。上天梯的受力情况正好与下天梯相反。它上面每一点获得的线速度都大于当地需要的环绕速度，所产生的离心力都大于当地的离心力。沿着上天梯向上走，点的位置越高，线速度越大，产生的离心力随之增大，而地球引力却越来越小。这就使上天梯受到一个向上的合力。当这个向上的合力与下天梯受到的向下的合力相等时，整个天梯就能悬在太空，以与地球自转相同的速度旋转，而掉不下来了。

美国宇航局预计完成“天梯”将需要 50 年时间，目前已经有科学家开始考虑怎样避免在乘客搭乘这座未来“电梯“时受到太空辐射的伤害。据估计，太空天梯运送 1 千克物品升上太空仅需 10 美元，而目前运载火箭或航天飞机运送 1 千克有效载荷约需 1 万美元。不言而喻，太空天梯一旦建成，就可以昼夜不停地开展运输工作，把旅游者和货物源源不断地送上太空了。

学科猜想

根据专家设想，太空天梯也可由电磁能驱动。建成后的这个天梯犹如一条上下垂直的高速公路，爬升器可沿着它把成吨重的物资或乘客缓缓运送到离地面约 3.6 万千米高的地球静止轨道上，用时约需 7.5 天。

飞船“逐日”

在太阳系里，太阳是众行星之王。虽然人类每天都能感受它的存在，享受它赐予的恩惠，但它对人类来说仍然非常神秘。为了解开这些谜团，美国宇航局和欧洲空间局决定派遣一艘探测飞船对太阳进行近距离研究，直接探测困扰科学家多年的两大太阳奥秘——日冕和太阳风。

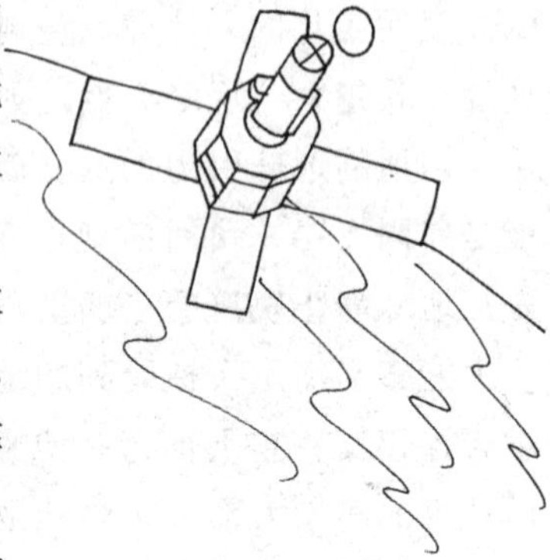

执行这次近距离探测太阳任务的是“太阳探测器＋”，目前它仍处于早期设计阶段。按计划，该探测器将通过太阳能驱动，依靠液冷式太阳能电池板获得持久的电力供应，当阳光变得过于强烈时，太阳能板可以收缩藏在隔热板后面。探测器上还将携带一台磁力计、一台等离子波探测器、一台尘埃探测器、一些电子和离子分析仪等。但最让科学家兴奋的科技之一是它上面将携带一个半球成像仪，这虽然是一台望远镜，但却能够拍摄出太阳日冕的三维图像。

日冕的温度是困扰科学家多年的谜团之一。所谓“日冕”其实是太阳大气的最外层，其亮度只有太阳本身的百万分之一，因此只能在发生日食时才能被看到。从道理上讲，离太阳核心越远温度越低才对。可实际上，太阳表面温度是 6 000℃，而日冕温度竟高达 2×10^{6}℃。对于这种奇特的现象，科学界有两种具有代表性的解释。第一种说法是，这和太阳的震动有关。持这个观点的人把太阳比作一口震动不止的钟，热能则像声波似的穿透包裹太阳的各层气体。仔细观察拍摄精致的太阳照片就会发现，控制日冕的磁场在太阳表面形成了巨大的磁力线。热离子从太阳内部喷发后，沿磁力线以 100 千米/秒的速度向外运动，到达太阳表面后释放的热量被日冕吸收。第二种说法是，太阳的磁场就在日冕层下面。它持续运动，引起磁场扭曲变形。扭曲剧烈时，磁场会发生断裂现象。在它重新合拢之前，能量就通过断口，从太阳内部释放到日冕层里了。这两种理论到底谁是谁非，科学界至今仍未做定论。

太阳风是困扰科学家的第二个谜团。所谓“太阳风”是日冕以极高的速度向空间抛射出的高温带电粒子流。太阳风有两种类型：高速太阳风和低速太阳风。低速太阳风前进的速度为 150 万千米/小时，高速太阳风则高达 300 万千米/小时。当太阳风掠过地球时会使地球磁场发生变化，这有可能使地球轨道上的卫星遭到破坏、通信受到干扰、电力供应中断等。长期以来科学家一直在研究太阳风如此之高的速度从何而来，但都不能获得满意的解答。

“太阳探测器＋”发射升空后，将在长达 6 年时间里，先后 7 次借助金星之力飞进日冕进行探测。金星的引力可以轻微改变飞船轨道，让它一次比一次更深入地潜进太阳大气层。届时，飞船的碳合成抗热板将承受超过 1 400℃以上的高温以及高辐射的太阳风风暴。预计在 2015 年左右，我们就可以看到这场飞船“逐日”的大戏！

学科展望

除了发射太阳探测器外，近年来，科学家们还准备将一批高精尖设备安装在国际空间站服务舱中，对太阳定期进行观测，从而掌握太阳周期性的活动对其自身物理变化的过程，以及这个过程对地球气候和人类各领域活动的影响。

神秘的“反物质”飞船

科幻小说中，大多数自主型恒星飞船使用反物质做燃料，原因是反物质是最具潜力的燃料。现在，科学家们正致力于研究开发反物质，也许未来人类真的可以借助科幻小说里描述的能源遨游太空。

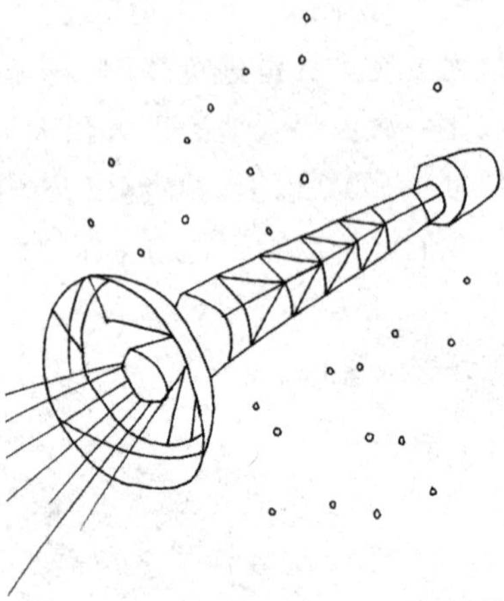

什么是反物质，它为什么可以为航天器提供动力呢？我们知道，世上万物都是由质子、中子和电子所组成的，这些粒子因而被称为基本粒子。1928年，英国青年物理学家狄拉克首次从理论上论证了一种特殊粒子的存在，他认为这种粒子除了电性和电子相反外，一切性质和电子相同。四年后，狄拉克所预言的粒子被一名美国科学家找到了，这种粒子的质量和带电量同电子一样，只是它带的是正电，而电子带的是负电。因此，人们称它为正电子。

正电子的发现引起了科学界的震惊和轰动。它是偶然的还是具有普遍性？如果具有普遍性，那么其他粒子是不是都具有反粒子？于是，科学家们在探索微观世界的研究中又增加了一个寻找的目标。1955年，美国物理学家西格雷等人用人工的方法获得了反质子。后来，又发现了反中子。几年后，基本粒子中的反粒子差不多全被人们找到了。科学家们把由反质子、反中子和反电子结合形成的反原子构成的物质称为“反物质”。

反物质一旦同组成我们世界的“正物质”接触，便会产生“湮灭”现象，在瞬间释放巨大能量，并且不会像核弹那样产生放射线污染，所以被认为是一种最理想的清洁能源。据计算，1克反物质产生的能量，就足以为23架航天飞机提供动力。所以反物质的应用，很早就已为宇航专家们所关注，他们希望从根本上改变未来太空飞船的能源供应的模式。

以前的反物质太空船设计使用反质子，后来科学家发现，反质子在湮灭时会产生危害性的高能伽马射线，而正电子产生的伽马射线能量比反质子低400倍，所以使用正电子为飞船提供动力成为科学家们的首选。按照现在的宇航技术，要想把人类送上火星，需要成千上万吨的化学燃料，但是如果以正电子为燃料的话，仅仅几十毫克就能帮助人类实现登上火星的梦想，而且只需要6周时间。

但是，在太空中，宇宙射线中高速粒子可以通过相互碰撞产生反物质。而在地球上，科学家们需要通过粒子加速器来生产反物质，此过程所需要的能量远大于湮灭作用所放出的能量，且生成反物质的效率极低，每生产10毫克正电子就要耗资约2.5亿美元。此外，如何储存正电子也是个大问题，因为它们会吞食正常物质，而现在人类还没有生产出由反物质制成的容器，所以只能将其存放在电磁场内。2008年9月，美国一个科研小组声称他们已经成功研发了一种能长期有效储存反物质的容器，如果情况属实，那么这意味着人类已经为有效利用反物质迈出了重要的一步。

相信随着科学技术的不断发展和科学研究的不断深入，人们对反物质作用的认识一定会越来越深入，反物质必将为人类做出应有的贡献。

知识链接

"反物质说"虽然现在还是科学上的一种假说，但反粒子等"负性物质"是确实存在的。1979年，美国科学家在35千米高空发现了28个反质子。这是在地球以外第一次发现的反物质。现在，组成物质的12种基本粒子的全部反粒子都已经被科学家在加速器中找到，而且又发现了反氘、反氢、反氦等一系列反物质。

奇妙的“空间系绳”

空间系绳是指将卫星、飞船之间用一根长电缆或软管连在一起，让它们共同完成轨道飞行，从而完成现有的航天器不可能完成也不适于完成的太空任务。

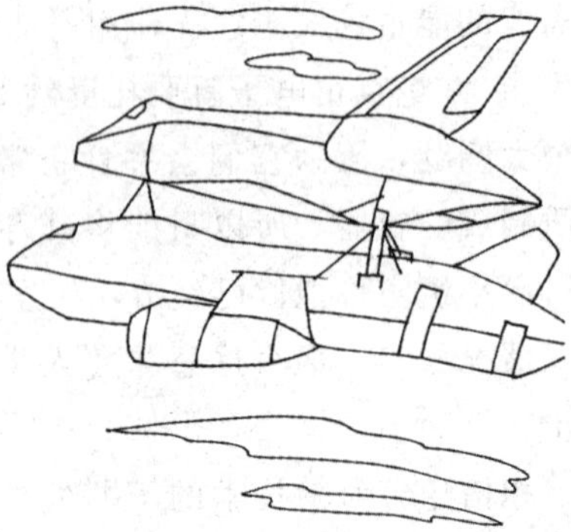

早在1895年，齐奥尔科夫斯基在其著作《关于地球和天空的梦想》中最早描述了这种系统及其使用方法。1965年，苏联航天巨擘科罗廖夫准备开始做世界上第一个系绳系统的空间实验。他当时提出用一根1千米长的钢绳把“联盟”号飞船与运载火箭末级连在一起，使它们一起运转，在飞船上造成人工重力。但由于科罗廖夫过早的逝世，这一工作被迫停止了。

20世纪六七十年代，意大利科学家科隆博与在美国工作的意大利专家格罗西一起设计了许多系绳系统及其空间实际应用方案，并积极推动这一技术领域的发展。许多国家都作出了回应并开始着手研究这项新技术。

1980—1985年，美国和日本联合在328千米高空进行了4次试验，在前两次试验中，系绳分别伸长了30米和65米；在后两次试验中，系绳完全放出，完成了系绳系统电力研究。此后，加拿大分别于1989年和1995年用1千米长的系绳进行了两次试验。1992年，意大利和美国联合进行了TSS—1试验。在这次试验中，固定在长20千米的导电索上的意大利卫星被从美国亚特兰蒂斯号航天飞机上放出了265米。1996年2月，美国航天飞机再次在飞行过程中进行了这一试验。这一次，系绳全部被放出，但由于短路，系绳被烧断，昂贵的意大利卫星连同系绳一起坠入并消失在了茫茫太空。

苏联在1987年重新投入了空间系绳系统的研究工作。按照空间系绳系统的结构形式和在空间的实际应用方法，有关专家们把系绳系统分为静态系绳系统、动态系绳系统和电磁系绳系统三类。

静态系绳系统可用于深空、近地空间、地球大气和地球表面研究。在组成系绳系统的航天器上，可以在微重力环境下进行各种实验研究和技术操作，如生物医学研究、物质和材料生产、植物生长等。利用建筑原理组成系绳系统，可以在空间建成复杂的大型建筑，例如空间电站、住宅、工厂、温室等。

动态系绳系统可用于完成航天器的轨道机动而不消耗燃料，即用系绳把航天器抓住并把它拖走。例如，用约50千米长的系绳把货运飞船从空间站上吊下来，然后把它放开，飞船脱离轨道并降至地面，空间站则再升高自己的轨道，而不费一滴燃料。用沿着系绳运动的升降机可以运送货物和人员。利用一端连有系绳的传动杆，可以变换吊在系绳上的航天器在空间的指向。

电磁系绳系统是利用该系统在轨道上运动的部分动能，缓慢提高系绳系统的高度而不必消耗燃料。利用某种电动效应可以以最小的损失沿系绳在分散的各航天器之间传送电能。把系绳作为一个发射天线，可以实现低频波段无线电波的有效辐射。

目前，俄罗斯已经制订了空间系绳系统的发展规划：首先，在空间站上进行系绳—1、系绳—1A、火神和系绳—2等一系列空间系绳系统实验；下一阶段，制造并在新的空间站上试运行运输型、发电型和研究型系绳系统；将来，制造载人空间站及其多功能系绳系统。

系绳系统可以改变未来航天系统的整个面貌，让我们共同期待着这一天的到来。

学科展望

随着空间系绳系统研究工作的顺利发展，科学家们有可能在21世纪中叶建造成新一代永久性载人空间站。根据预先研究，这种空间站应是一种复杂的系绳系统，它由两个多组合站构成，多组合站由数条系绳连接，另有一部升降机沿着各站之间的系绳运行。

太空游客

地球上的人类仰望着浩瀚的天空数百万年后，1961 年 4 月 12 日，加加林成为世界上第一位遨游太空的宇航员。当时，除了宇航员之外，其他人对于太空是可望而不可即的，但这种局面在 21 世纪初被打破了！俄罗斯于 2000 年推出了平民太空游业务：只要掏 2 000 万美元购买“船票”，普通人也可圆登天之梦，做一次太空游客。

全球共有 6 位游客享受过世界上“最奢华”的太空旅游。第一位太空游客是时年 60 岁的美国富翁丹尼斯·蒂托，他曾任美国国家航空航天局喷气推动实验室工程师，参与了火星和水星探测飞船飞行轨道的设计。2000 年他与俄罗斯宇航部门签署了一项协议，个人赞助 2 000 万美元维持俄罗斯的“和平”号空间站，条件是亲自到“和平”号空间站上进行一次太空飞行。由于俄罗斯最终废弃了“和平”号空间站，蒂托转而要求登上由美国、俄罗斯、欧洲、日本和加拿大等 16 个国家和地区合作建设的国际空间站。他的这个愿望最后终于实现了，2001 年 4 月 28 日，蒂托同两名俄罗斯宇航员一起搭乘俄“联盟 TM—32”载人飞船自拜科努尔发射场升空，两天后飞船与国际空间站成功对接，蒂托在俄宇航员的陪同下进入国际空间站，6天后乘坐俄“联盟 TM—31”号飞船返回舱返回地面，结束了这次引起全球轰动的首次太空旅游。

第2位太空游客是时年29岁的南非人沙特尔沃思。他于2002年游历了国际空间站，并与宇航员们一同进行了医学、环保等方面的实验。第3位太空游客是时年60岁的美国传感无限公司董事长——奥尔森，于2005年进入太空。奥尔森还是一位材料学博士，他在空间站短短8天时间里共做了10项科学试验，其中包括晶体培养和地球大气湿度测量等。第4位太空游客，也是历史上首位女太空游客，是时年40岁的伊朗裔美国女企业家安萨里。她于2006年飞赴国际空间站并停留了9天，除了不断写网络日志记录下所见所闻外，她还成为欧洲空间局4项重要试验的测试对象。第5位太空游客是时年58岁的匈牙利裔美国人西蒙尼，他于2007年前往国际空间站。这位被称作“Word 之父”的微软前软件工程师，“飞天”时还携带了丰盛大餐。

2008年10月12日，在哈萨克斯坦的拜科努尔发射场，世界第六位太空游客——美国电脑游戏开发商加里奥特乘俄罗斯“联盟 TMA—13”载人飞船升空，前往国际空间站。加里奥特的父亲是美国宇航局前宇航员，曾在美国第一个试验型空间站“天空实验室”逗留59天。加里奥特从小就梦想遨游太空，这次旅行他在国际空间站上逗留了10天。

太空旅游虽然惊险刺激，但毕竟不同于地面旅游，对游客的身体素质要求非常高。据了解，整个太空飞行过程中，游客必须蜷缩在狭窄的太空舱内，忍受极不舒畅的航程。所以，太空游客在出发前必须接受数月的专门训练，以适应超重、失重等引力环境。不过，由于太空旅游持续时间并不长，一般只有8天左右，因此对太空游客的体质要求并没有长期在轨道上工作的宇航员那样严格，太空游客接受训练的时间也不会太长。但所有的训练都完成后，游客们最后还要签署一份协议，保证在旅行过程中一切由于个人原因造成的损害由游客本人负完全责任，与同行的宇航员无关。

在地球旅游业非常发达的今天，飞出地球体验遨游太空的美妙越来越引起了人们的兴趣。虽然在目前情况下，太空旅游还只是富人的“特权”，高昂的旅游费用让普通百姓望而却步，但不少专家认为，发展太空旅游大有前途。2008年，俄罗斯联邦航天署与美国太空冒险公司签署了一项建造“太空游”载人飞船的协议，旨在为更多人提供遨游太空的机会。“太空游”载人飞船以俄“联盟”载人飞船为蓝本，由一名专业宇航员驾驶，每次可同时将两名游客送入太空。

学科展望

随着科技的发展，在不久的将来，开展太空旅游的交通工具将不再局限于俄罗斯“联盟”系列飞船，旅游的目的地可能也不只是国际空间站，太空旅游也许会和乘坐飞机旅游一样费用大大降低，能够享受太空旅游的人也会不断增加。

月球上的能源宝藏

人们一直在致力于寻找清洁的替代能源，然而几十年来却未能如愿。每当一种新能源似乎通过测试，总会有人发现其致命的缺陷。核能、风能、太阳能、水电的运用都有一定的局限性。核裂变太危险，风能并不稳定，太阳能受限于天气和云层，水力发电水坝破坏自然环境。因此科学家有个新想法，为什么我们不在外太空中寻找能源呢？科学家们首先把目光瞄准了月球。

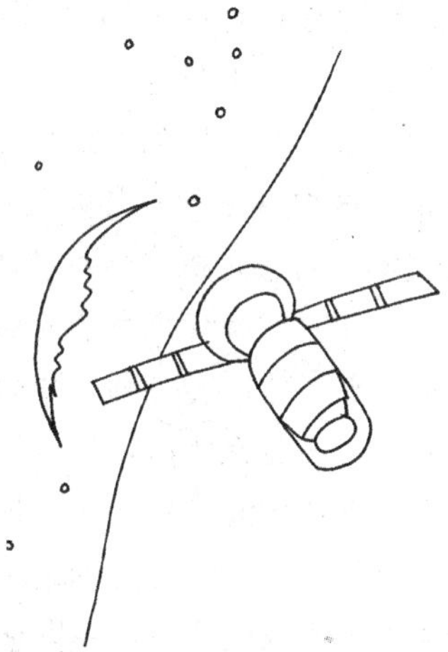

“阿波罗”宇宙飞船登月时，宇航员从月球表面带回了月球岩石和尘埃。科学家将月球尘埃加热以后，发现有氦元素的放射性，经过进一步的分析，认定这是氦的一种同位素氦－3。它原本大量存在于太阳喷射出来的高能粒子流（太阳风）中，在几乎没有大气的月球上，“太阳风”直接降落下来，久而久之，在月面的沙粒、岩石中，大约集聚有上100万吨这种材料。虽然当时已经知道月球上存在大量的氦－3，但科学家们并不知道它有什么价值。十多年后，美国科学家发现，当氦－3被加热到很高的温度并与氘结合时会放出巨大的能量，而且不放出任何具有污染性或者放射性的物质。如果用氦－3作为核聚变的原料，可以建成最最安全的核电厂。可惜的是，地球上的氦－3极为稀少，天然气矿床中已知的氦－3资源只能维持一个500兆瓦规模发电厂数月的用量。可不可以开发月球上的氦－3来建设核电厂呢？美国科学家算了一笔账：月球岩石和尘埃中含有的氦－3所能提供的电能，已超过美国全国需要量的50万倍，开采、加工和运回氦－3所消耗的能量，与用氦－3发电得到的能量之比为1∶250，而煤和铀分别是1∶16和1∶20。如果美国用宇宙飞船一次运回20吨液化氦－3，就可为美国提供1年所需电力的燃料，其价值相当于500亿美元，这是相当有利的。此外，从月壤中提取1吨氦－3，还可以得到约6 300吨的氢、70吨的氮和1 600吨碳，这些副产品也有着巨大的价值。

月球上除了拥有氦－3，还拥有大量的太阳能。早在1979年，美国宇航局专家就提出要在月球上建造太阳能电站，经过讨论，大家一致认为这是一个极好的建议，不仅能够实现，而且有着广阔的发展前景，这是因为在月球上建造太阳能电站比花费巨大的投资建造太阳能卫星电站要优越得多。首先，在月球上建造太阳能电站，不需要耗资巨大的大型卫星，也免去了将卫星送上轨道的麻烦，电站可以在月球上就地取材建造，这样就可以节省大量的人力和物力；其次，发电站建造在月球上，发电设备和向地面传送电能的激光器或微波器可以不受卫星的限制，制作得大一些，使发电能力和传送电能的效率大幅度提高；此外，由于月球本身所处的独特位置，也使它成为建造太阳能电站最理想的地方。如果发电站建在月球的南极或北极上，那么太阳光时刻都能照射在发电站的建筑物上，而且这个建筑物在任何时候都是一半向阳一半背阳，这样，向阳的一面与背阳的一面的温差可达500℃，形成了最理想的温差发电环境。在这种情况下，装在发电设备中的工作液体就会沸腾起来，变成高速气体冲向汽轮机，使汽轮机高速旋转，并带动发电机发出电来。

由于月球既绕自身的旋转轴旋转，又绕地球转圈，两种转动是同步一致的，即月球自转一圈，同时也绕着地球转过一周，因此，月球就能始终以它的一面对着地球，如同同步通信卫星固定在地球上空一般，这样就便于激光器或微波器安置在向地球的一面，使它们能正好直接向地面发射激光或微波束，把电力送到地球上。地球上设有地面接收站，能接收从月球发来的激光或微波束，并将它们变成电能输入电网，供用户使用。

能源危机是21世纪人类社会生存、发展面临的最严重问题之一，开发月球上“洁净”的核能与太阳能，给人类未来展示了美好的前景。

学科展望

目前，氦－3在月球上的分布特征还不是很清楚，因而它的提取是世界各国科学家面临的一大难题，只有通过大量的探测和重返月球进行实地考察，才能获得较为满意的回答。我国探月工程的一项重要计划，就是对氦－3含量和分布进行一次详细勘察，为人类未来利用月球核能奠定基础。

天上的都市

地球上的人口已超过50亿，直逼60亿的红线，环境污染、资源匮乏、人口膨胀、土地减少在困扰着人类，到哪里去开辟新的家园？科学家把眼光投向了太空这块世外桃源。

这个未来的天上都市应该建在哪里呢？大家知道，近地轨道上运行的飞行器，即便空气非常稀薄也会使它慢慢减速而坠落，而远离地球数万千米的同步卫星寿命也只有几十年。因此，天上的都市必须建在远离地球的地方，但是太远了，它又会摆脱地球的束缚，远离地球而去。科学家们计算发现，在月球的轨道上有一些特殊的点，太阳、地球、月球的引力相互平衡。物体在这些点上不会轻易离开自己的位置，具有永久性。因此，科学家们认为太空城市应该建在太空中的这些特殊的点上。

“地址”选好了，那未来的天上都市该建成什么样子呢？科学家们提出了许多方案。美国科学家奥尼尔在他的《高边疆：人类的太空城》一书中，提出了一个名为“三号岛”的太空城，并设想未来人们可在这种太空城中居住生活。这所未来太空城是一座圆筒形的城市，长32千米，直径6.4千米，里面的居住面积为1 300平方千米，可容纳1 000万人生活。从城市的一头走到另一头，得花六七个小时。它是全封闭的，生活环境和地球完全一样。

这个圆筒形的太空城市，以中轴为旋转轴，每分钟自转一周，使得圆筒内壁产生一股离心力，正好跟地球表面的重力相等。圆筒的内壁正好是城市的地面。因此，生活在太空城的人，站在此地面上，跟站在地球的地面上的感觉是大同小异的。只是在太空城里，无论站在哪儿，你的头顶都正好正对这圆筒的中轴线。

为了使大圆筒内有充足的阳光，科学家设想将大圆筒的壁分成六大区域：三个居住区和三个天窗区。居住区和天窗区交错排列，一个居住区和一个天窗区相对。天窗区由巨大的玻璃构成，在天窗区的外面还安装有三块巨大的平面反射镜。镜子是由电脑控制的，按照一定的规律转动，将照射到它上面的太阳光以不同的角度反射到太空城里去。反射镜随同大圆筒一起旋转，通过调节反射镜的反射角度和天窗玻璃的色调，太空城的居民不仅能看到蔚蓝色的“天空”，还能观赏到日出和日落。

建造这么一座宏伟的天上都市的建筑材料从哪里来呢？科学家分析了月球岩石标本之后，发现月球岩石中含有丰富的铝、铁、钛、硅、氧等元素。太空城的建筑材料有95%可以从月球找到。我们知道，月球的引力比地球的小得多，把同样重的材料送到太空，从月球出发比从地球出发也要“省力”得多。所以，在建造天上的都市之前，必须首先开发月球，让月球成为人类的建筑材料供应场。

据奥尼尔的设想，在今后二三十年内，在太空中，将出现可居住万人的太空城。到21世纪末期，空间中的各种太空城、空间站和空间工厂将星罗棋布，每年差不多有2亿人往返于地球与太空城之间，进行别有风味的旅行。到那时，每年都有成千上万的地球人到太空城“安家落户”。

学科猜想

科学家估计，只要派150个人上月球，每年可以开采100多万吨矿石。将矿石用磁发射装置抛射到空间冶炼厂，利用太阳能加热、冶炼、加工成铝材、玻璃等各种建筑材料和构件，然后派出太空机器人，到轨道上去进行高空作业，装配建造太空城市。